ちくま文庫

ゴリラに学ぶ男らしさ

男は進化したのか?

山極寿一

筑摩書房

ゴリラに学ぶ男らしさ――男は進化したのか？　目次

ゴリラに学ぶ男らしさ——男は進化したのか？

はじめに

なぜ、この世に男と女がいるのだろう。むろん、現代は男と女という範疇には収まりきらない性があることも承知している。しかし、私たちはもう長い間、男と女というカテゴリーに基づく社会を生きてきた。それは服装から髪型、身の振る舞いやしゃべりかたまで、人間の行動に大きな影を落としている。男女共同参画社会の実現が謳われ、日本は女性の社会進出が遅れていると言われるのも、男女の区別が歴然としてまかり通っているからだ。

生物にはもともと性はない。単細胞生物は分裂や出芽によって増えるから、新しい細胞は元の細胞の遺伝情報をそっくりそのまま受け継いでいる。生物にオスとメスの違いが現れ、有性生殖が始まったのは遺伝的に多様性を持つ子孫を生むことが有利になったからと言われている。人間は有性生殖をする生物であり、男女の区別は生物学的な差異に由来する。しかし、男女はオス、メスの違いだけではなく、文化的、社会的に区別されたジェンダーである。オス、メスの区別なくふつうに取りうる行動でも、「男らしい」、「男っぽい」、「男勝り」と言われることがある。それは、そのような行動型がそれぞれの文化の中で「男に属する」とみなされているからである。たとえば、日本では股を広げて座ったり、胡坐をかいたりするのは男の所作だとみなされている。人前でパンツひとつになるのも男だけに許される特権だ。口をへの字に曲げたり、口を開けて豪快に笑うのも男っぽい仕草である。女の上司が目下の者をあごで使い、呼び捨てにして指図すれば、「男勝り」、「男顔負け」などと言われかねない。

逆に、そのような行動が取れない男は「女々しい」とか「男らしくない」と言われることになる。男にとってそれはかなりのプレッシャーだ。女より体力で劣る男や、引っ込み思案の男はたくさんいる。なぜ、自分より大きく強い女の前でも「男らしく」ふるまわねばならないのか。率先して困難な仕事を引き受けねばならないのか。悩む男たちは多いと思う。悲しいことに、男たちは自分が生まれ育った文化の中で、「男」であることを次第に自覚し、期待される「男像」を演じようとするのである。そこに、生物学的な差異とは異なる不思議な行動や規範が立ち上がる。それはいったいいつ、どのような要請のもとに生まれたのか。男女の差異がだんだん不明確になりつつある今、その歴史を探ってみることは未来の男女の在り方を考えるうえで重要だろうと思う。

そこで、生物学的な差異のオスとメスから文化的な差異の男と女に至る間に、私はオトコとオンナという中間的な存在を想定しようと思う。男女は人間に独特な社会を作り上げる段階で生まれたものである。その社会は最初から文化的なものだったわけではない。哺乳類のなかの霊長類としての特徴を反映させながら、しだいに人類独自の特徴を進化させながら変わってきた歴史を持っている。人間の男は進化史のなかでオスとして出発し、生物学的な性から少し脱したオトコになり、そして文化の衣をまとった男へと変身したのだ。そこには、人類が家族や共同体という他の霊長類には見られない社会組織を作った歴史が反映されている。人間以外の霊長類は発情期を持ち、特定の期間しか交尾をしない。人間は発情が不明確で、時期を限定せずに性交渉が行われる。長期間続く恋愛があり、それがもとで傷ついたり殺しあったりする。他の霊長類には見られないレイプや家庭内暴力が絶えない。今や人口は七六億に達し、地球上のいたるところに足を延ばすほど繁栄しているのに、どの文化や社会を見ても男女が幸福に結びついて暮らしているようには見えない。いったいなぜ、こんなことになってしまったのか。この社会のどこがおかしいのか、どこに無理があるのか。いったい人間はどんな社会を目指しているのだろう。それには男女の共存という視点が欠かせない。

本書を書こうと思ったきっかけはゴリラにある。私は長年、アフリカで野生のゴリラの生態や社会を研究してきた。その中でオトコという存在に気付いたのである。誰でも、自分と同性のしぐさや行動に思わず感動してしまったときなどに、自分が男であることを深く思い知らされた経験をもっていると思う。今までとくに意識していなかったのに、自分の体や心が男としてつくられていることを発見する。むろん人間の男の行動に感心することは多々ある。しかし、それにもまして人間以外の動物の行為に心を動かされたときの衝撃は大きい。ゴリラのオスが巨体を揺すってうなり、グローブのような手で胸を叩いて突進してくる姿を想像してほしい。あたりを圧する緊張感と切迫感。空気が針のように身に突き刺さる思いをして、男という身体に刻印された何かを感じ取った瞬間に、自分が人間やゴリラという種の壁を越えてオスという種類に属していることを思い知らされるのである。この感動と衝撃はなかなか忘れることができない。理屈ではなく、体でオスという世界を納得させられたからである。自分が女であれば、きっとこちら側からゴリラのオスのドラミングを眺めていることができただろう。それはそれで大きな感動をともなう体験に違いない。しかし、男である私はどうしてもあちら側へ引き込まれてしまうのだ。高見の見物はできない。ドラミングの舞台に引きずり上げられ、いやが上でも当事者としてその緊張感を共有させられるのである。

それは考えてみれば、当たり前のことかもしれない。何しろ人間という種ができるよりずっと前にオスという性ができたのだから。しかし、その後ゴリラのオスと付き合ってみると、ゴリラにはオスという生物学的な性だけではなく、人間の「男」にあるような社会的役割を演じているような側面があることがわかってきた。たとえば、私が観察したオスばかりの集団では、まるでオスとメスの交尾かと思われるようなオスどうしの性交渉が見られた。尻を突き出してメスのような交尾姿勢をとった若オスは、その後この集団を出てメスと自分の集団を構え、たくさんの子孫を残した。メスのいる集団でホモセクシュアルな行動が見られたことはない。このオスはオスだけの社会とメスがいる社会とで、明らかに行動を変えていたのだ。ここに私は人間の男に通じるオトコの存在を察知する。このように本書で私が目論んでいるのは、少なくとも人類に近縁な霊長類の世界でオスの体や行動がどう作られているか、社会の中でオスがどういう役割を果たしているかを概観し、私たち人間の男につながるオトコの特徴を再発見しようということである。

オスとオトコに分けたのは、生物学的な特徴によって定義されるオスとそれ以外の特徴を身につけたオトコを分けたかったからだ。オトコは文化的なカテゴリーを含んでいる。私たち人間の男は、生物としてのオスから出発し、生物学だけではとらえきれないオトコを経て今の姿になったと考えたい。もちろんオトコの特徴はオスの特徴の上に乗っていることがあり、はっきりオスと二分できるものではない。ここでは、オトコとは人間に近い類人猿がもつ、男の原型のようなものと考えていただきたい。つまり、男という人間に特有なジェンダーをつくる条件になる特徴のうちで、生物学的な制約がまだ強いものとでも言おうか。それが本書の核心であり、読者に読みとっていただきたいエッセンスである。

私も含めて、現代日本の男たちは男として生きることに大きな疑問と不安を感じている。それは急激に変わりつつある今の日本社会で、旧来の文化が要請するジェンダーを男たちが担いきれなくなっているからだし、オトコという生物学的色彩が残る身体と行動を持て余しているからである。ここで霊長類と人類の歴史を振り返って、オトコがどう進化して人間の男になったのかを再確認してみることは、私たち男が生き延びる上で重要だと思う。はたしてそれが希望を与えてくれる結果になるかどうか、それは保証の限りではないが。

第一章　人間の男って変だ

なぜ、一夫一妻の家族を作るのか?

ずっと不思議に思っていたことがある。なぜ、人間は男と女が一対のペアで夫婦となり、子どもを作って家族となるのだろう。なぜ、一夫多妻や一妻多夫、複数の男女が自由に交流して集団を作るといった形式があまり一般的ではないのだろう。人間以外の霊長類を見ると、集団の構成と雌雄の体格差にはきれいな対応関係が見られる。オスもメスも単独で暮らしている種、あるいはオスとメスが一頭ずつのペアで暮らしている種では、オスとメスの体格がほぼ等しいのである。そりゃあそうだろう。単独生活をするサルはオスもメスもなわばりを作る。オスとメスが対等の力で対峙しなければ、なわばりは守れない。ペア生活もそうだ。オスとメスが対等に分担してなわばりを守るからこそ、ペア生活をする場所を維持できる。

では、ペア生活を原則とする人間は男と女の体格差がないのか。いや、違う。どんな民族でも、成人の男は成人の女より体格が大きいし、力も強い。霊長類のペア生活の原則に違反しているのだ。オスがメスより大きい霊長類は、一夫多妻か多夫多妻である。オスが複数のメスを囲い込むか、複数のオスとメスが乱交・乱婚的な関係を持つか、どちらかなのである。後者の社会に生きるオスはとても大きな睾丸、つまり金玉を持っている。それは、複数のオスたちが力でメスとの交尾権を競うより、乱交的な性関係の中で射精能力を高めた結果である。人間に最も近縁なチンパンジーはその典型で、乱交的な性交渉を持ち、オスの睾丸は人間の何倍も大きい。一方、一夫多妻の集団で暮らすオスは力でほかのオスを排除してしまうから、精子で戦う必要はない。そのため、睾丸は情けないほど小さい。その典型はゴリラで、体重二〇〇キログラムを誇るオスでも、睾丸はピンポン玉ぐらいしかない。ここで、一つの疑問が生じる。人間のオスはいったいチンパンジーに近いのか、それともゴリラに近いのか。人間の男女の体格差はチンパンジーに近い。でも、男の睾丸の大きさはゴリラとチンパンジーの中間、いやむしろ、ゴリラに近いのだ。これはいったいどう解釈したらいいのだろう。人間の祖先はチンパンジーのような乱交・乱婚社会に暮らしていて、だんだんペアを組むようになって男の睾丸が小さくなった。それとも、もともとはゴリラのような一夫多妻の集団で暮らしていて、だんだん乱交的な性格を強めたおかげで、少し男の睾丸が大きくなった。どちらだろうか。

人間の祖先の化石からは、男女の体格差は判別できるが、睾丸の大きさはわからない。しかも、七〇〇万年前にチンパンジーとの共通祖先から分かれてから、男女の体格はいろいろと変化している。初期の人類は身長が一二〇センチメートルぐらいでとても小さかった。しばらくは男のほうが大きいとはいえ、あまり体格差は顕著ではなかったようだ。三五〇万年ぐらい前から極端に男が大きい種が現れ、一八〇万年ぐらい前から男女ともに体格が大きくなった。二〇万年前に現代人ホモ・サピエンスになってから体格差が小さくなったようだ。いったい、その間に人間の祖先はどんな社会を体験したのだろう。

現代の人間の男は過剰な男らしさを求める傾向がある。たとえば、ペニスの大きさだ。江戸時代に流行した春画を見ると、とてもあり得ないほどの巨大なペニスが描かれている。女性に言わせれば、性的快感とペニスの大きさはあまり関係がないそうだ。しかし、男は大きいペニスにあこがれ、下腹部に大きく盛り上がるペニスの形を誇張して見せる。人間以外の霊長類ではペニスよりも睾丸の大きさがオスらしさの指標になることが多い。ニホンザルのオスの睾丸は発情季になると真っ赤に色づく。意中のメスがいると、わざわざ後ろを向いて、この睾丸を見せることが求愛行動となる。なぜ人間の男は睾丸ではなく、じゃまになるだけのペニスを大きく見せようとするのか不思議である。また、髭、もみあげ、胸毛、すね毛など、ある程度毛深いのは男らしい特徴とされる。逆に、女はこういう特徴をなるべく消そうとする。この程度は文化や時代によって異なるかもしれないが、どこでも女より男のほうが毛が濃い傾向がある。なぜ、こんな違いが生まれたのだろう。

行動面で、男の専売特許とされてきたのは戦う能力である。最近まで、相撲などの格闘技やラグビーなどの肉弾戦を伴う団体競技は男だけのものとされてきたし、戦士も男だけの職業だった。たしかに、筋力には男女の差がある。しかし、個人差も大きいので、男より戦う能力に優れた女や、戦うのにふさわしくない男がたくさんいるはずだ。ましてや武器を持てば、体力の差など問題なくなる。それなのに、昔から戦うのは男の仕事と見なされてきた。なぜだろう。

人間の祖先は長い間、狩猟採集生活を送ってきた。肉食を始めた証拠は、二六〇万年前にオルドワン式石器と言われる人類最初の石器を用いて、肉食動物の残した獲物から肉を切り取った跡から始まる。石器をつけた槍は五〇万年前から、大型動物を狩猟し始めたのは三〇万年前に登場したネアンデルタール人からと考えられている。武器を使うといっても、まだ投擲はできず、多くは肉弾戦だったと考えられている。集団で大型動物を沼地に追い込んだり、崖から追い落としたりして捕らえるようになったのはせいぜい数万年前からだ。しかし、こうした狩猟活動はおそらく男がもっぱら行っていたであろうと考えられており、現代の狩猟採集民でも原則として狩猟は男の仕事である。女は体力に劣るといっても、小動物なら捕らえられるし、道具を駆使すれば男女差は縮まる。しかも、男手が不足すれば、女たちも猟に出かける。なぜ、男女が共に暮らす社会では狩猟が男だけのものとされてきたのか。狩猟は世界中の文化のなかに、男だけの特権として色濃く反映されてきた。これは、戦う能力とも強い相関がある。狩る者、戦う者は男なのである。実際の能力とは別に、極めて明確な男女の分業が人間の社会に枠をはめてきたと言えるだろう。

こういった区別は人間の文化の所産なのか、それとも他の霊長類との共通祖先から受け継いだ遺産なのか。化石からわかる証拠は限られている。社会や行動を類推するには、どうしても現在生きている霊長類、とりわけ人間に近いチンパンジーやゴリラなどの類人猿を参考にする必要があると思う。幸いなことに、今私たちは人間以外の霊長類についてかなり詳しいことを知っている。それを比べてみることで、人間が霊長類とどのような特徴や能力を受け継ぎ、何を新しく身に着けたかを検討することができる。それは、意外な人間の過去、隠れた人間の資質を浮かび上がらせてくれるはずだ。

さあ、それでは現代に生きている霊長類を参照しながら、人間の男の過去を見る旅に出かけることにしよう。

ペア生活の条件

人間は現在地球上に生息する約四五〇種からなる霊長類の一員である。その最も古い祖先は今から約六五〇〇万年前に、ネズミのような小さな体をして木の上で虫を食べて暮らしていた。夜行性で視覚よりも嗅覚や聴覚が発達していたと考えられている。この祖先と同じような生活をしているサルは原猿類と呼ばれ、今でもアジアやアフリカの熱帯林に生息している。

夜行性の原猿類たちはすべて単独か、オスとメス一頭ずつのペアで暮らしている。これらのサルたちの体は雌雄で大きさが変わらない。単独生活をするサルはそれぞれがなわばりを構え、相手がオスであろうとメスであろうと自分のなわばりへの侵入を許さない。交尾期になると異性の相手にだけ許容性を高めて交尾ペアができる。しかし、交尾期が終わると雌雄ともにふたたび単独生活にもどる。メスはその後、妊娠と出産を経て、授乳期間中は子どもと過ごすが、子どもが乳離れをするとまた単独生活をするようになる。単独生活者の社会は、成熟した仲間とは決して一緒に暮らさないという原則のもとに成り立っているのである。

ところが、これらの単独生活者の中に雌雄間ではいくらか許容性の高いものがいる。

霊長類の原型に近いと言われるツパイがそのよい例だ。同性間の反発関係は強いが、異性の相手に対しては警戒心を解いて一緒に行動することがある。異性の結びつきが恒常的になったものがペアだが、単独生活とペアの中間の社会は原猿類に限らず、ナキウサギなど他の哺乳類社会にも見られる。ただ、このように異性間の許容性が高くなった種では、オスがメスより大きいなわばりや遊動域をもつ傾向がある。しかも、メスどうしの遊動域は重ならないが、オスどうし、雌雄間の遊動域は大きく重複する。進化史の早い段階で、オスはメスより広く同性や異性と付き合う性質を身につけたと思われるのである。

さて、ペア社会でもオスとメスの体の大きさに差はない。夜行性の原猿類ばかりでなく、視覚の発達した昼行性の真猿類にもペア型の社会が見られるが、みな一様にオスとメスは同じような体をしていて生殖器を見なければ雌雄を判別することがむずかしい。こういった社会に生きていれば、オスであろうとメスであろうと交尾と子育て以外は性差のない生活を送ることができると考えられる。

しかし、ペアという社会構造を維持するためには、なわばりという空間的にすみ分ける工夫が不可欠である。オスやメスが複数の異性と交渉をもち始めたら、たちまちペアは崩壊してしまう。そこで、互いに同性の仲間とは強く反発し、なわばりを構えて距離を置くことで複数の異性と接触する機会を減じているのである。人間以外の霊長類では、複数の同性、異性が共存する中でペアを維持する社会は存在しない。なわばりをもたずに特定の雌雄が長期間にわたってペアを維持するには、高度な社会技術を要するのである。それが人間だけに可能だったとすれば、人間の社会は霊長類のなわばりに匹敵する心理的な障壁を同性間につくることに成功したと言える。

ペア社会は霊長類ではむしろまれである。それは、なわばりを構えるには比較的狭い空間に豊富な食物が得られる環境条件が必要だったからだ。二頭で防衛できるなわばりはそう広くない。守れる範囲に二頭とやがて生まれる子どもが満足して食べられるだけの食物が保証されていなければ、なわばりは維持できずペアも崩壊してしまう。このため、ペア社会をつくる霊長類はすべて食物の豊富な熱帯林で暮らしている。

なぜ集団生活が進化したか

多くの霊長類はペア社会の道を選ばず、複数の同性が共存する社会をつくった。原猿類でも昼行性の種になると、このような社会が見られる。夜行性の種に比べて体が大きく、虫だけでなく果実を好むのが特徴である。地球に登場した当初、霊長類が夜行性だったのは、体が小さく、鳥が支配する昼間の樹上で活動できなかったからだ。

おそらく霊長類は果実を食べるようになって体を大きくし、鳥に独占されていた昼の世界への進出を試みたのだろう。果実は熱帯林の樹冠部に豊富に実っている。哺乳類の多くは落下した実を食べるだけだが、霊長類は木に登ってはるか上の樹冠部へ到達できる。そこで競合する鳥は、自在に空を飛べる代わりに体を重くできないというハンディを背負っている。鳥に負けないぐらい体を大きくできれば、果実という願ってもない高質な栄養源をわがものにできる。そこで、霊長類は体を大きくして昼の世界で樹上の支配者となったのである。

しかし、ここで大きな問題が生じた。体を大きくすればそれだけ多くの食物が必要となる。果実が豊富なときは狭い範囲で必要量が得られたが、果実はいつも生《な》っているわけではない。季節によっては果実が不足し、広い範囲を探し回らなければならない。このため採食や移動に費やす時間が増え、捕食者に狙われる機会が増加する。とくに身重のメスや成長期にある子どもたちは体格以上に食物を摂取することが必要だし、すばやく動けないので外敵からも狙われやすくなる。そこで、果実食で昼行性の霊長類の多くは複数の仲間でまとまって暮らすようになったと考えられる。一頭でいるより複数でいるほうが、捕食者に自分が狙われる確率は小さくなる。しかも、複数の仲間が外敵を察知してくれるので危険から逃れる可能性も高くなる。集団生活をす

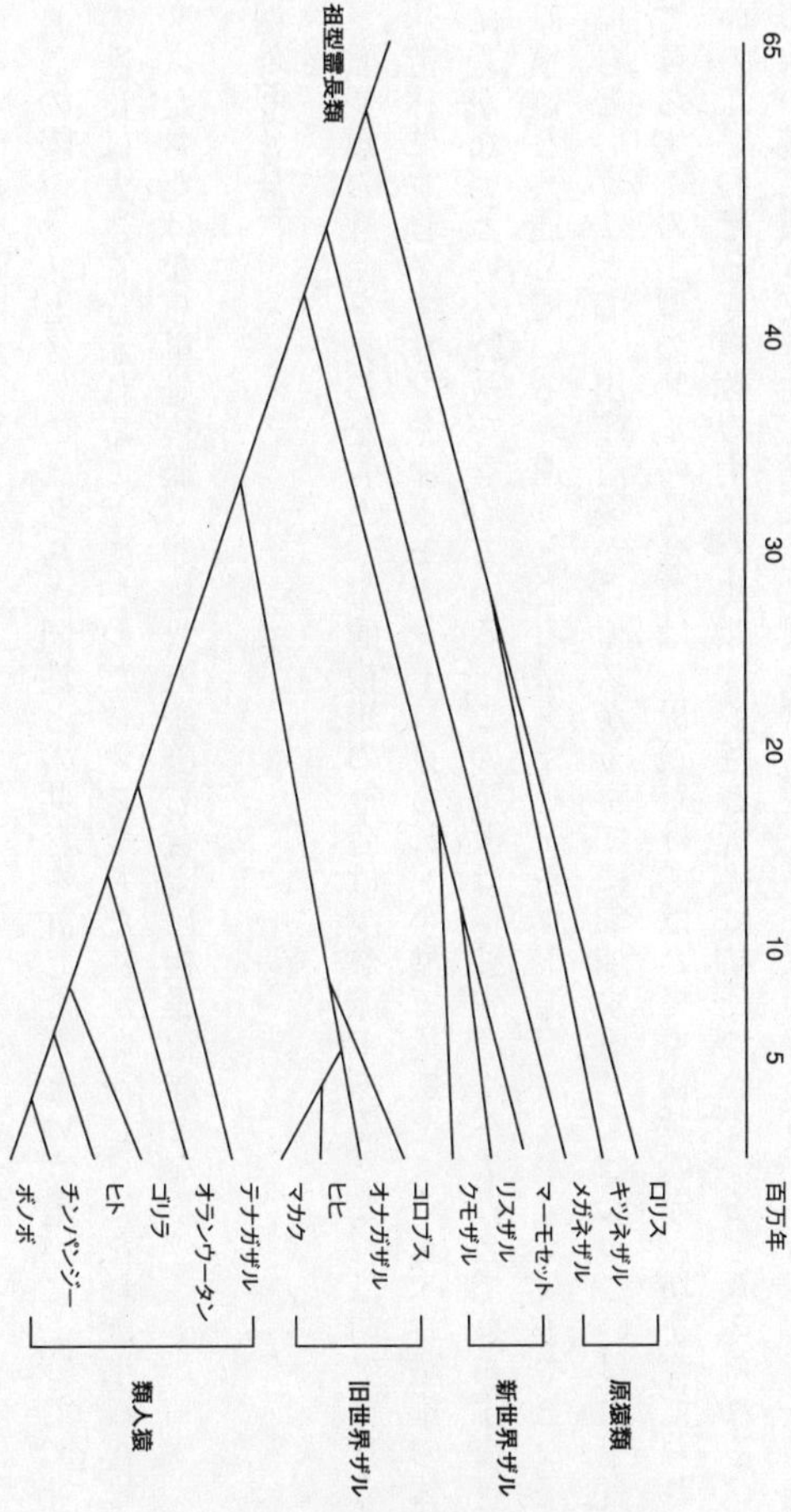

サル・類人猿の進化の系統図

るようになったおかげで、明るい昼の世界でも安心しておいしい果実を探せるようになったというわけだ。

この際、オスとメスのどちらが同性との共存を許したかという違いによって、社会の性質は大きく分かれることになった。オスたちだけがいっしょになれば単雌複雄、メスたちだけなら単雄複雌、雌雄双方が許し合えば複雄複雌となる。

例外的な社会

霊長類の社会を見わたすと、単雌複雄の社会は少数派である。これは南アメリカの熱帯林にすむタマリンやマーモセットに見られ、小型で昆虫をよく食べ、雌雄の体格に差がないという特徴をもっている。この特徴は単独生活やペア社会で暮らす夜行性原猿類と共通している。違うところはタマリンやマーモセットがよく双子や三つ子を産むということで、出産直後からオスが子育てに参加する。すばしっこい昆虫を食べて暮らすこの小型のサルの社会では、母親だけではとても複数の赤ん坊を育てられないのだ。おそらく複数のオスの共存は多産と密接に結びついていると考えられる。その他の霊長類は夜行性、昼行性に限らず一産一子が原則である。

また、類人猿のオランウータンはオスもメスも単独で暮らしているのに、体格はオスのほうがずっと大きい。それを反映してか、オスのなわばりはメスの数倍大きく、複数のメスのなわばりを囲い込んでいる。おそらく、オランウータンの祖先は単雄複雌の構成を持つ群れで暮らしていて、何らかの理由で群れを解消して単独生活を始めたのだろう。オランウータンは体が大きく、果実を好む。いくら熱帯雨林でも、果実は一年中得られるわけではない。しかもオランウータンの住むボルネオ島やスマトラ島では果実の年変動が激しく、ほとんど果実が得られない年がある。仲間と一緒にいれば、自分の取り分が少なくなる。そこで、群れ生活をやめて、単独でなわばりを構えるようになったのではないだろうか。

多くの霊長類社会は単雄複雌か複雄複雌の構成をもつ集団をつくるが、わずかな例外を除いてオスのほうがメスより体が大きい。例外はマダガスカル島に生息するワオキツネザルで、複雄複雌の構成をもつ集団で暮らし、メスのほうがオスより大きく、社会的にも優位な態度を示す。なぜこのような、メスが優位な社会が進化したのか、よくわかってはいない。マダガスカル島は唯一昼行性の原猿類が進化した場所であり、真猿類が生息していない。強力な捕食者がいなかったために原猿類が昼の世界に進出できたのだろうと考えられている。おそらく、マダガスカルではメスが捕食者から身を守るために大きなオスを頼る必要がなかったのだろう。メスがオスより優位な複雄複雌社会が成立したのもそのあたりに原因がありそうである。

オスがメスより大きくなったわけ

単雄複雌や複雄複雌の集団をつくる社会で、オスがメスよりも大きくなったのは明らかに外敵からの防衛をオスが担うようになったからである。体が大きいだけでなく、オスは長くて鋭い犬歯をもち、マントのようなたてがみをもったり（マントヒヒ）、頬に目立つ肉襞が発達したり（オランウータン）、背中の毛が白くなったり（ゴリラ）、メスにはない派手な特徴を身につけている。これは外敵の注意を自分に引きつけ、見せかけだけでなく外敵と実際に闘う能力をオスが発達させた結果である。オスの代わりにメスがこのような戦闘能力を身につけたり、派手な外見をしている種は霊長類には見当たらない。

霊長類のオスとメスは、体の大きさや消化器官に応じて好みの食物をより効率的に、より安全に食べるために、集団をつくって暮らすようになった。そしてこのときから、「集団の中でいかに自己の欲求を達成するか」というやっかいな課題に直面することになったのである。集団の中で欲求を覚えてあたりを見回すと、必ず同じような欲求をもつ他者と対面しなければならないからだ。欲求の最たるものは食と性に関わるものである。二つとも個体間に競合を引き起こす有限の対象だが、それぞれ性質の異なる葛藤を個体間にもたらす。食物は食べればなくなるが、探せば同じ食物やそれに代わる食物を必ず得ることができる。性の相手はなくならないが、異性の数は限られているし、相手の同意を得なければ欲求は満たせない。食物は分配できるが、性の相手は分配できない。食と性がもたらす葛藤をどう解消して共存するか。その解決方法によって、霊長類は実に多様な社会性を発達させたのである。

人間の社会もその一つであり、男の特徴もその解決法に由来する独特な社会性にある。そして、現代の社会もなお食と性をめぐる問題を抱えているところを見ると、人間がまだこの課題を完全には解決していないことを物語っている。みごとに性の役割が分化したアリやシロアリなどの社会性昆虫に比べれば、人間の男も女もまだ不完全なのだ。いや、むしろ簡単には解決しないような道を歩んだのが人間なのかもしれない。

孤独になる試練

霊長類が進化させた集団生活がどのようなものかを見る前に、一つ大事なことを指摘しておこう。それは、集団生活をするようになった社会でも、単独生活を捨ててはいないということである。そもそも単独生活者がペア社会をつくった段階でも、ペアをつくれない個体がいたはずである。とくに親元を離れたばかりの若者はすぐに好ましいパートナーを見つけられるとは思えない。ペア社会はなわばり社会だから、まずこうした若者はオスもメスも自分のなわばりを構え、自分にふさわしい異性を探す。このとき、いやがうえでも単独生活を経験しなければならない。

そのいい例がテナガザルである。アジアの熱帯林で果実を好む樹上生活者である彼らは、ペアで数十ヘクタールのなわばりを構えて暮らしている。娘も息子も思春期に達すると、それぞれ同性の親との反発関係を強めてなわばりの外へ出ていく性向をもっている。しかし、いきなり堂々と出ていくわけではない。娘も息子も初めは親のなわばりのすぐそばに小さななわばりを構える。まだ力の弱い彼らは自分のなわばりを守れないことが多く、近隣のサルたちに攻撃されて親元へ逃げ帰ることもしばしばあるようだ。驚いたことに、両親はこのような頼りない子どもたちを助けてなわばりづくりを手伝うことがある。子どもと一緒に遠征してなわばりを確立し、子どもを助けてそのなわばりを防衛するのである。やがて、息子や娘たちは高らかにテリトリー・ソングを歌えるようになり、そのうち異性とデュエットを始めてペアを形成する。テナガザルにとって、単独生活は決して好ましい暮らしではない。おそらく外敵に狙われる危険も高く、隣接するなわばりの主とも敵対することが多いから、若者たちは思わず親を頼ってしまうような緊張を強いられるのだろう。しかし、この試練を乗り切らなければ異性を獲得することはできない。単独でなわばりを維持できる能力を身につけ、オスもメスも互いに対等な立場でペアを形成するために、単独生活の経験は重要な役割を果たしているのであろう。

オスには孤独になる時期がある

だが、ペアより大きい集団をつくる社会になると、単独生活はオスに特有なものとなる。単雌複雄、単雄複雌、複雄複雌、構成はさまざまあるが、どの社会にもメスが単独生活をする例は見当たらない。これは、オスがメスより体を大きくしたことに密接な関連がある。これらの社会で、オスが集団の防衛を一手に引き受けたために、メスは外敵に立ち向かう戦闘能力を減少させたのである。そのため、一時的にもメスは単独で生活することができなくなった。同性か異性の仲間と常に集団をつくり、その協力の下にわが身の安全を図ろうとする社会性をメスはオスよりも強く発達させたのである。

オスにも単独生活がすべての種で見られるわけではない。ニホンザルやアカゲザルなどアジアにすむマカク類のサルたちには、単独生活をするオスがふつうに見られる。これらのサルをソリタリーと呼んでいる。しかし、同じマカク類でもカニクイザルではソリタリーがほとんど知られていないし、アフリカに広い分布域をもつアヌビスヒヒにもソリタリーをほとんど見かけない。類人猿でもゴリラにはソリタリーがいるが、チンパンジーやボノボにはまれである。系統的に近縁でもソリタリーがいる種といない種があるから、この現象は進化史的に安定したものではない。では、ソリタリーの有無は社会のどんな特徴に根ざしているのだろうか。

日本列島の、南は屋久島から北は下北半島まで生息するニホンザルには、昔から孤猿と呼ばれるソリタリーがいることが知られている。つい五〇年ほど前まではニホンザルは人間を怖れていてめったに人里へ下って来なかったのだが、ときおり一頭だけで姿を現すことがあった。人々はこういったサルを群れからはぐれたのだろうと思い、ハグレと呼ぶ地方もあった。ニホンザルの野外研究が始められた一九五〇年代でも、研究者はソリタリーが群れの権力争いに敗れて「群れ落ち」したオスだと考えていた。オスたちは生まれた群れで思春期に達すると、優位なオスたちがいる群れの中心部を避けて周辺部へと「周辺落ち」する。そこで自分の力を試しつつ上昇志向を高めて中心部へと徐々に復帰していく。順位を上げられないものは周辺部にとどまるか、他の可能性を求めて外へ出ていくしかない。中心部でこういったオス間の権力争いに敗れたオスも周辺落ちし、やがて群れ落ちする道をたどると考えられた。

ところが、宮崎県の幸島、大分県の高崎山、京都府の嵐山、長野県の地獄谷などでニホンザルの群れを餌づけし、一頭一頭のサルを個体識別して長期間その動向を調べてみると、意外なことがわかってきた。その群れ生まれのオスは周辺落ちした後、ほとんどが中心部へ復帰せずに群れを離脱することがわかったのである。しかも、優劣順位で第一位のオスでさえ、他のサルと闘って負けてもいないのに、あるとき忽然と姿を消してしまうことがあった。オスたちは権力闘争に負けて群れ落ちし、ソリタリーになるわけではなかったのである。それではどうしてオスは群れを離れるのか。離脱した後、ソリタリーたちはどう暮らしているのだろう。

その後の調べで、ソリタリーになったオスは森の中を放浪したあげく、一〇〇キロメートルも離れた場所に姿を現すことが明らかになった。また、他の群れへ加入する場合は、どんなに強いオスでもほとんど最下位の優劣順位で入ることもわかってきた。生まれた群れを離脱したばかりの若オスは兄弟や遊び仲間と連れだって近隣の群れに移籍したり、独《ひと》りで出ていく場合でも知り合いのオスがいる群れへ加入することが多いようだ。しかし、二度三度と移籍するオスは常に独りで群れに近づき、独りで群れないようだ。

に入ってくる。群れの外でも、オスどうしが連合していつも一緒にいるようなことはないようだ。

つまり、ニホンザルのオスたちはメスのいるところでしか共存しようとはしないのである。オスたちの間に厳格な優劣順位があるように見えるのは、群れの中で共存するためにニホンザルが発達させた軋轢《あつれき》の解消方法である。また、互いの順位を認め合って共存しているからこそ、群れオスたちは外のオスや外敵に対して結束することができる。群れを離れてしまえば、この優劣順位というものは役に立たない。オスたちは共存する理由がないからだ。だから、いったん群れを離れたオスは白紙の状態にもどって、他の群れへ加入するときは新たな優劣順位序列に組み込まれなければならない。そのため、どんなに力が強くても複数のオスの連合には勝てず、最下位の順位で加入することになるのだろう。

オスたちの集団遍歴

集団生活をする霊長類の社会は、おおむねニホンザルと似たようなオスのライフ・ヒストリーをもっている。つまり、オスは思春期になると生まれ育った群れを出て他の群れへ移籍し、以後転々と群れをわたり歩いていくという生活史だ。群れから群れへ移籍する際に、ソリタリーとしての時期を送るか否かで違いがあるが、オスが群れをわたり歩く性質をもっていることには変わりがない。これに対して、メスは生まれ育った群れを生涯離れず、母をたどる血縁のメスたち（祖母、叔母、姉妹、姪など）と協力関係をつくって暮らす。こういった社会を霊長類学の用語で「母系」の社会と呼ぶ。人類学で定義する「母系社会」と違うことに注意してほしい。人類学では土地や財産などが継承される系譜関係を指すが、サルには継承するものはなく、個体の移動によって変化する群れ内の個体間の遺伝的な類縁関係を指している。

ペア以上の集団をつくる霊長類の社会はほとんどが母系である。こういった社会では、オスは群れに所属する時期としない時期をもつことがある。単雄複雌の構成をもつ社会では、当然群れに所属できないオスが出てくるので、ソリタリーが見られることが多い。これらのオスは徒党を組んでオス集団をつくることがあるが、たいがい長続きはしない。また、インドに生息するハヌマンラングールのように、オス集団のオスたちが単雄群の核オス（群れの核となる最も優位なオス）を一斉に攻撃して群れを乗っ取ってしまうことがある。しかし、核オスを追い出した後は、オス集団の中の一頭が新しい核オスになり、オスどうしの連合関係が持続することはない。

母系社会でソリタリーの有無に違いができるのは社会構造や捕食者に関係があるだ

ろう。単雄複雌の集団をつくる社会では、ハヌマンラングールのようにオスが徒党を組んで群れを乗っ取るチャンスがあれば、オスは一時的にせよオス集団を形成するだろう。ライオン、ヒョウ、トラなど強力な捕食者がいるところでは、鋭い犬歯と敏捷性を身につけたオスでも単独生活は危険が大きすぎるのかもしれない。カニクイザルやアヌビスヒヒのオスがほとんどソリタリーにならないのは、手強い捕食者の存在が影響している可能性がある。ソリタリーがまれな社会では若いオスが連れだって別の群れへ移籍する傾向があるし、アヌビスヒヒやモロッコの森にすむバーバリマカクには、加入したばかりのオスが幼児と親しくなって群れのサルたちからの攻撃を防ぐという手段が発達している。ソリタリーをつくらずにオスの群間移動を許容するためには、ニホンザルとは違った社会関係や社会交渉が必要なのである。

オスの冒険と野心

さて面白いことに、人類に近縁な類人猿はこういった母系の集団をつくらない。オランウータンはそもそも恒常的な集団生活をしないし、ゴリラ、チンパンジー、ボノボのメスはニホンザルとは反対に、生まれ育った集団を出て、他の集団をわたり歩く性向をもっている。この違いはとても大きい。類人猿のメスたちは思春期以後、血縁関係にないオスやメスたちと新たな社会関係をつくり、その中で妊娠、出産、子育てといった負担の大きい生活をしなければならないからだ。これについては後で詳しく述べよう。

ではオスはどうなのか。類人猿社会にもソリタリーはいるのである。しかし、母系社会のように、きままな独り暮らしというわけではない。まず、ゴリラのオスは思春期に達すると生まれ育った群れを離脱し、ソリタリーになる。ここまではニホンザルのオスと同じである。だが、ゴリラのオスは一度ソリタリーになったら二度と他の群れに加入できない。ゴリラの群れは複数のオスの共存を許さないからだ。ハヌマンラングールや他の母系的な単雄複雌群をつくる種のように、群れをもつ核オスを追い出して後がまにすわることもできない。オス集団やソリタリーによる群れの乗っ取りはこれまでほとんど観察されていないのだ。ゴリラのオスは移籍しそうなメスを誘い出して自分の群れをつくるか、群れのオスが死んでメスだけになったときに入り込むしか、ソリタリーの生活を脱却する道は残されていないのである。

しかし案ずるなかれ、ゴリラのソリタリーはほとんどすべてがまだ若いオスで、年をとったソリタリーは知られていない。オスは単独で放浪していれば、いつかはきっとメスがやってきてくれる境遇にある。ニホンザルでは孤猿となる老オスがいるし、年を取るとたいがい優劣順位を落として年下のオスに気兼ねしながら暮らさなければならない。しかし、ゴリラのオスは一度自分の集団を持てば追い出されることはないのだから、老後は恵まれていると考えていいだろう。

母系社会のオス、父系社会のオス

一方、複雄複雌の群れをつくるチンパンジーとボノボにはソリタリーがほとんど知られていない。両種ともにオスは生まれ育った群れを離れずに、小さい頃からよく知っているオスどうしで連合を組む。この連合に外から加わることはできない。こういった社会を母系に対して父系という。しかし、もちろん父と子が認知されているわけではないし、父の系譜を通じて物が継承されるわけでもない。ただ、オスたちは生物学的に血縁関係（祖父、父、叔父、兄弟、甥など）にあるということである。

チンパンジーとボノボの社会でソリタリーになるということは、ほぼ完全に群れ生活への道を絶たれたということを意味する。もう五〇年以上にわたって野生チンパンジーの長期研究が行われているタンザニアのマハレ国立公園では、ソリタリーになるオスをまれに見ることがある。これらのソリタリーは、オスたちの権力闘争によって第一位の座を追われたオスだったり、群れが解体してしまった後にどこへも移れずに残っているオスだったようだ。一位の座を追われたオスはまた元の群れへ復帰したが、そのうち順位を落とし、結局オスたちに攻撃されて死亡する結果となった。また、マハレでも、同じく長期研究が行われているタンザニアのゴンベ国立公園やウガンダのキバレ国立公園でも、チンパンジーの群間でオスどうしが殺し合いも辞さない激しい闘いをすることが知られている。これではとてもオスが平和に他の群れを訪問するなどということは想像できない。

ボノボではオスの殺し合いは知られていないし、群間の出会いでもオスたちが攻撃し合うことなく平和に共存すると報告されている。コンゴ民主共和国のワンバ森林における四〇年にわたる長期研究の成果である。しかし、オスが群間を移籍した例はなく、ソリタリーも知られていない。おそらく、父系社会をつくるチンパンジーとボノボの社会では、オスが血縁のオスとの連合を離れられないような強い規制が働いているのだろう。チンパンジーではその規制が非血縁のオスから受ける暴力であると思われるが、ボノボでは何なのか。後述するように、それは母親や血縁の仲間との格段に親密な関係と思われる。

このように、ソリタリーという存在はペア以上の集団生活をする霊長類ではオスに特有と言えるが、そのあり方はずいぶん多様である。あえて共通性を探ろうとすれば、多くの種でソリタリーはオスが若い時期にまず経験する生活様式で、オスが防衛能力や闘争力を身につけるのに一役買っているらしいということだ。オスがメスのいる所でのみ優劣順位をつくって共存する傾向は、複数のオスが共存する群れをつくる社会に共通の現象である。

違いは母系社会と父系社会で著しい。母系社会ではどの群れも外からオスを受け入れることができるが、父系社会ではその道は閉ざされている。そのため、父系社会では血縁関係にあるオスたちが連合する傾向がある。実は単雄複雌の群れをつくるゴリラでも、成熟したオスを複数含む群れが見つかることがある。三〇年以上も野生ゴリラの長期研究が続けられているルワンダの火山国立公園、コンゴ民主共和国のカフジ・ビエガ国立公園、ウガンダのブウィンディ国立公園では、このような複雄複雌群に共存するオスたちはほとんど父と息子、兄弟という血縁関係にあることがわかっている。つまり、他の地域では群れを出てソリタリーになるはずの若いオスが残り、そのまま父親や兄のそばでおとなになっているのである。ソリタリーになるオスたちでもいかにも未練たっぷりに生まれた集団を離れていくし、自分の集団をつくった後も親の集団のすぐ近くに遊動域を構えることが多い。他の群れと出会った際、瞬時のうちに移籍してしまうメスとは対照的である。ヴィルンガやブウィンディでは、こうした血縁関係にあるオスを複数含む群れが全体の半数近くあることが判明している。ゴリラも、チンパンジーやボノボのように、血縁のオスどうしが連合を組みやすい父系社会の特徴をもっていると言えそうだ。

　こういったオスたちの移動や社会関係のもち方には、メスたちの行動や態度が大きな影響を及ぼしている。ニホンザルではソリタリーたちが交尾季に一斉に群れに近寄ってくるし、オスが群間を移動するのも交尾季に多い。これは性的な動機がオスの移動の原因になっていることを示唆している。ソリタリーになったりするのも性的な関係の破綻や再構築がその近因や遠因になっている可能性がある。では、オスたちはいったいどのようにしてメスの気を引いているのだろうか。

第二章　セクシーなオスたち

性交渉の舞台裏

霊長類の世界では、メスの移動や振る舞いがオスどうしの競い合う大きな原因になっている。オスの派手な外見や頑健な体はそのために発達したと言っても過言ではない。しかし、だからといって人間の世界も同じようになっていると早合点してはいけない。そもそも、霊長類でも種によってオスとメスが織りなす性の世界は実に多様であり、オスどうしの競い合い方も大きく異なっているからだ。それはメスの発情がどういうタイミングで、どのような形態と行動の変化を伴って現れるかに強く依存している。多くの種で、オスは発情メスの存在無くして発情することすらできないからである。

メスの発情はエストロゲン、プロゲステロンという二種類の性ホルモンの変動に左右されている。霊長類のメスは哺乳類と同じように卵巣周期をもち、真猿類のメスには人間と同じように月経周期がある。排卵直前にエストロゲンが急激に増加し、排卵後はプロゲステロンが徐々に増加する。エストロゲンの増加はメスの発情を引き起こし、プロゲステロンはそれを抑制する効果をもつ。この二つのホルモンが周期的に増減する結果、メスに発情徴候が現れ、それに反応してオスが発情する。季節的な発情を示す種では、エストロゲンの量が交尾季に限って変動し、非交尾季には低いレベルに抑えられている。

種によっては、発情するとメスの体に顕著な変化が起こることがある。ニホンザルは顔と尻の皮膚が紅潮するし、ブタオザル、アヌビスヒヒ、マントヒヒ、マンガベイ、チンパンジー、ボノボなどは性皮と呼ばれる陰部の周りの皮膚が腫れ上がる。ゲラダヒヒのメスは胸にある半月状に露出した肌の部分がピンク色に染まる。一方、タマリン、マーモセット、クモザル、ウーリーモンキー、ボンネットモンキー、ブルーモンキー、テナガザル、オランウータン、ゴリラなどは発情してもほとんどメスは外見上の変化を示さない。こういった発情徴候の有無は系統の近い種どうしでも大きく異なっているので、いくつかの系統群に進化の過程で独立に生じ、比較的短期間に変化した形質だと考えることができる。

また、オスはメスの外観だけでなく、臭いや声、行動上の変化によっても発情を察知する。発情したメスの膣分泌液にはカプリンと呼ばれるフェロモンが多量に含まれていることが、リスザル、アカゲザル、ニホンザル、ベニガオザルでわかっている。ラブ・コールと呼ばれる発情個体に特有の音声が各種にあり、メスは発情すると落ち着かないそぶりをするようになる。いやに活動的にあたりをうろつき回り、攻撃的になるメスもいる。

このような変化を手がかりに、オスはメスの発情に気づく。メスは発情徴候を隠すことはできず、発情を特定のオスにだけ知らせることもできない。複数のオスがいれば、必ずすべてのオスが知ることになる。それがトラブルの原因となるのだ。

人間以外のすべての霊長類のメスには、発情している時期と発情していない時期が明確に分かれている。それはホルモンの変動によって周期的に変化するが、発情している期間の長さは種によって大きな違いがある。原猿類のキツネザル類は一年のうちメスが発情するのはほんの二、三日だけである。しかもメスたちは同じ時期に次々に発情するので、複数のメスと一緒に暮らしていてもオスが交尾をするのは短期間に限られている。一年の大半をオスは非性的なメスたちと過ごすのである。

真猿類は約一カ月前後の月経周期のある期間だけ発情する。その期間とは排卵日を含み、その前の数日間に限定される。テナガザルやゴリラのメスは排卵日とその前一、二日だけ発情するが、チンパンジーやボノボは二週間、メスによっては二〇日間以上も発情することがある。季節的な交尾をする種では、発情季だけ周期的に発情する。ニホンザルでは約二週間の発情を秋から冬にかけて三、四回繰り返す。

メスの外見的な発情徴候の有無や発情期間の長さは、それぞれの種が発達させてきた交尾のタイプと関係がある。複数のオスに自分の発情を知らせ、オスどうしを競わせる傾向の強い種では、メスが遠くからでもわかるような顕著な発情徴候を長い間示すようになると考えられるからだ。逆に、メスが近くにいて少数のオスとだけ交尾する傾向が強ければ、メスは発情を宣伝する必要はない。

なぜメスに発情徴候が発達したのか

たしかに、ペアをつくる種ではメスの発情徴候が目立たず、発情期間も短い。テナガザルはどの種もペアをつくるがメスの発情は観察ではわからないし、交尾も一日でひっそりと終わってしまう。

ペア以上に大きな集団をつくる種だと、複数のオスとメスが入り乱れて交尾チャンスを狙うわけだから、発情徴候がはっきりしているほうが有利だろうと思われるのだが、事はそう簡単にはいかない。例えば、複数のオスが共存する母系の群れをつくるニホンザルは発情徴候が明らかだが、同じような群れをつくるボンネットモンキーは発情徴候がほとんどわからない。父系の複雄複雌群をつくるチンパンジーやボノボのメスは性皮が腫脹するが、同じような群れをつくる南米のクモザルやムリキはまったく発情徴候がわからない。群れの構成や交尾機会とメスの発情徴候は一対一の対応関係にあるわけではないのだ。

また、同じヒヒの仲間で、メスの発情徴候がはっきりしていて、発情期間の長さもよく似ていても、アヌビスヒヒは複雄複雌群をマントヒヒは単雄複雌群を作る。サバンナに生息するサバンナモンキーとパタスモンキーは、どちらもメスの発情徴候は不鮮明で発情期間も同じような長さだが、前者は複雄複雌の群れをつくり、後者は単雄複雌の群れをつくる。系統関係を見てみると、こういった発情徴候は地上で暮らすサルのうちのある系統群によく発達したということは言えそうだ。中南米に生息する新世界ザルには発情徴候が顕著な種はいないし、樹上性の強いアジアのリーフイーター、アフリカのコロブス類、オナガザル類にも発情徴候は発達していない。しかし、地上性の強い種はどれも発情徴候が顕著かというとそうでもない。前述したサバンナモンキーやパタスモンキー、さらにはハヌマンラングールやゴリラなど、地上性の強いサルや類人猿にも発情徴候がはっきりしない種がいる。メスの発情徴候は地上の明るい世界で信号として効果的だと思われるが、複数のオスと交尾するメスが必ずしもこの特徴を身につけるとは限らないということである。

だが、類人猿を見てみると、発情徴候や発情期間がそれぞれの種の交尾タイプとはっきり対応していることがわかる。オランウータンとゴリラのメスは外見的な発情徴候を示さず、交尾も排卵日前後の二日程度である。チンパンジーとボノボのメスは性皮が大きく腫れ、発情期間も二週間以上と長い。これらの違いは、交尾のタイプに対応している。オランウータンはオスもメスも単独でそれぞれ独自の遊動域を構え、オスはメスと出会うとメスが発情するまで一緒に行動しようとする。ゴリラの多くの群れは単雄複雌群で、メスは常に群れの唯一のオスと交尾する。メスの発情は特定の相手と短期間交尾をするのに都合の良いように目立たず、短くなっている。

これに対して、チンパンジーとボノボのメスは複数のオスと立て続けに乱交的な交尾をする。チンパンジーでは優位なオスがメスと独占的な交尾関係を結ぶことがあるが、メスはその気がなければたやすくオスの目をくらまして別のオスと交尾することができる。複数のオスたちが性皮が腫れたメスのそばに集まるので、メスはいつでもオスを選ぶことができるし、長い発情期間はメスが複数のオスと性交渉をもつのに効果的なのだ。

人間の発情はおかしい

ここで注意しておきたいことは、性ホルモンはメスの発情を定期的にもたらすが、発情したからといってメスが交尾するとは限らないということだ。発情していても相手によってはメスは交尾を拒否するし、時にはどの相手とも交尾をしないことさえある。もちろんオスがメスとの交尾を拒否することもあるが、ふつうどの種でもオスよりメスのほうが相手を選ぶ傾向が強いと言われている。メスは自分が発情しているときしか交尾しないが、オスは発情メスがいればいつでも発情して交尾できるためでもある。

性ホルモンが性行動に与える影響はサルよりも類人猿のほうが小さくなっている。サルのメスは妊娠するとプロゲステロンが増加して発情が抑えられる。ところが、オランウータンを除く類人猿のメスはプロゲステロンのレベルが高い妊娠中にも発情して交尾をする。また、ボノボのメスではさらにホルモンの抑制が外れている。ふつうメスは出産すると授乳中は発情が抑えられる。プロラクチンという母乳の産生を促すホルモンが出て、エストロゲンの分泌を阻止するためである。プロラクチンは排卵を抑制する作用もするので、たとえ交尾が起こっても妊娠することはない。ボノボではこのプロラクチンの抑制機能が弱まって、メスが授乳中でも発情するのである。しかも、排卵はきちんと抑えられているので発情し交尾をしても妊娠はしない。ボノボのメスは三、四年赤ん坊に授乳するが、出産後一年で発情が再開し、盛んに交尾をするようになる。また、オランウータンのメスは発情していないのに、オスから交尾を強

類人猿の性と繁殖に関わる特徴

特徴＼種	テナガザル	オランウータン	ゴリラ	ヒト	チンパンジー	ボノボ
体重の性比	1.0-1.1	2.0	1.6	1.2-1.3	1.3	1.2
睾丸と体重の比（%）	0.01	0.05	0.02	0.06	0.27	**
性皮の腫脹	なし	なし	わずか	なし	あり	あり
発情の季節性	なし	なし	なし	なし	なし	なし
月経周期	28 日	29-30 日	32 日	28-32 日	37 日	35 日
交尾日数	1-2 日	2-3 日*	1-3 日	不定	7-17 日	5-40 日
交尾時間	1 分	14 分	1.6 分	2 分***	8 秒	15 秒
交尾の誘い	オス＜メス	オス＞メス	オス＜メス	男≧女	オス＞メス	オス＞メス
交尾関係	長期配偶関係	短期配偶関係	長期配偶関係	長期配偶関係	乱交 短期配偶関係 独占排他的	乱交
妊娠期間	189-239 日	264 日	258 日	270 日	228 日	228 日
出産間隔	36 月	96 月	48 月	10-48 月	72 月	58 月
出産後の性的休止期	36 月	96 月	40 月	0-36 月	56 月	12 月

*動物園などの飼育下でも、野生でも、オスの求愛に応じてメスが交尾を許容するので、交尾日数が長期間にわたることがある。

**詳しい報告はないが、おそらくチンパンジーと似た値だろうと思われる。

***個体差が大きい。

要されると受け入れてしまうことが知られている。これもホルモン支配を受けない性交渉の一つである。

そして、性ホルモンの作用からもっと逸脱しているのは私たち人間である。人間の女にも他の霊長類と同じように月経周期があり、周期的にエストロゲンとプロゲステロンの分泌量が変動する。しかし、人間の女には明らかな発情徴候が欠けているし、その自覚もない。たとえ自覚的な徴候があったとしても、周期的ではないし、少なくとも男にはわからない。さらに排卵日も自分では感知できない女が多い。妊娠中でも授乳中でも性交渉が行われるし、授乳中に排卵して再妊娠してしまうことも度々ある。年子ができるのはその証である。いったい何でこんないいかげんな性の世界をつくってしまったのだろうか。人間はいつでも性交渉を行うことができるし、ずっと性交渉とは無縁でいることもできる。これは霊長類の中で人間だけが示す最も不思議な特徴である。いつでも性交渉を結べるというのはずっと発情しているということなのか、それともいつもは非発情だが恣意的に発情できるということを指すのか。この解釈をめぐってこれまでさまざまな議論が戦わされてきた。私は後者の立場を支持するのだが、それを説明する前にオスがメスの発情によってどんな行動を触発されるかを見てみることにしよう。

ディスプレイのうまいオス

サルの世界では、メスが発情しているのにオスが発情しないということはふつうあり得ない。オスの体や生理はメスの発情の徴候を察知していつでも発情できるようになっているからだ。季節的な発情を示すニホンザルのような種は、交尾季になるとオスの睾丸が大きくなって血中の性ホルモン（テストステロン）が増加するようになる。だから、メスが発情していなくても顔を赤くして興奮気味にのし歩いたりする。しかし、発情していないメスに交尾を迫ることはない。逆に交尾季でなくてもメスが発情すると、オスはちゃんと交尾をする。最近ニホンザルが増えすぎて困っている野猿公園では、メスの皮膚中にホルモンを植え込んで妊娠を防止することがある。処置されたメスは交尾季には発情が抑えられるが、その作用が弱まると交尾季でもないのに発情することがある。オスにはホルモン処置をしていないから、非交尾季にはテストステロンのレベルが低いはずである。にもかかわらずオスはちゃんと交尾をして射精する。その証拠に、交尾したメスは妊娠して、とんでもない時期に子どもを産むのである。

オスと違ってメスは発情する時期が周期的に決まっているし、妊娠中や授乳中は発情しない。そのため、性交渉に関わるメスの数はオスの数に比べていつも少ない。オス間に交尾相手をめぐる競合が起こるのはこういう事情があるからだ。さらに、メスは発情しているからといって交尾に応じてくれるとは限らない。いくら優劣順位が高く、メスに接近する優先権をもっているといっても、メスが拒否したら交尾はできない。そこで、オスは他のオスを押しのけ、メスに気に入られるような自己提示をしなければならない。その方法は、メスの発情の仕方や社会構造によってさまざまなものがある。

単雄複雌の構成をもつ群れで暮らしている種では、メスの発情の有無に関わらずオスはメスたちを常に身近に引きつけている。特定のオスとメスがいつも近くにいるという点ではペア社会とも共通しているが、ペアではテリトリーの防衛を体格の等しい雌雄が行うのに対し、単雄複雌群ではほぼ完全にオスに任されている。オスはメスより格段に大きく、長い犬歯をもち、たいていメスより派手な外見をしている。この特徴を精一杯使って、オスは互いにディスプレイを行う。

マントヒヒのあくびは長い犬歯を見せて自分を誇示する効果があると言われている。すでにメスを獲得しているオスはあくびをよくするが、弱い立場で群れを追随するフォロアーはめったにしない。あくびをすれば、メスもちのオスに挑戦していると受け取られるおそれがあるからである。ペニスを立てて股を開くのもディスプレイの一つだ。これもオスには威嚇、メスには自己宣伝の効果がある。いずれもハレムのリーダーが最も頻繁にディスプレイを行い、フォロアーや単独でいるオスにはあまり見られない。

複雄複雌群で暮らすオスのディスプレイは最優位のオスに最もよく見られる。ガガガッと大声を出して力まかせに枝を揺すったり、尾を立てていかつく歩くのはニホンザルの群れではより優位なオス数頭に限られている。ところが、交尾季になると、優劣順位が低くても優位なサルに見えないところでは肩をそびやかせて歩くオスが出てくる。単独生活をしていたオスたちが次々に群れに近寄ってきては、木を揺すって吠える。木揺すりは自分の力を誇示する効果があると思われるが、このときオスがメスに示す面白いディスプレイがある。メスに対してくるりと背を向けて四足で立ち、赤く大きな睾丸を提示

ニホンザルのあくび

するのだ。メスの近くにいれば、まずメスの脇を触れるようにして通り過ぎて尻を向ける。ハインド・クォーターズ・ディスプレイという長い名前がついている。これを行うオスには威嚇の意図はなく、それを証拠によく相手をなだめるリップ・スマッキングをしながら行うことがある。相手を脅かさずに自分を売り込みたいというオスの切実さが伝わってきて、何ともユーモラスな姿に映る。

ドラミングの進化史

さて、オスのディスプレイが社会構造によってどのような変化を受けるか、類人猿にいい例がある。ゴリラには有名なドラミングという胸を叩くディスプレイがある。ドラミングは九つの行動要素からできていて、まず①体を左右に揺らし、②ホウホウと鳴き、③葉っぱか小枝を口にはさんで、④二足で立ち上がり、⑤胸を両手で交互に叩き、⑥あたりの草を空中へ投げ上げたり、枝を引きずって、⑦横走りに走った後、⑧前方へ突進し、⑨最後に両手で地面を力まかせに叩いて終了する。

ドラミングは誰かを攻撃するというような意図はなく、近くに仲間がいれば必ず仲間のいない方向へ向かって突進する。葉っぱを口にはさんだり、草を空中へ放るしぐさはオスによって異なり、時には省略されることもある。オスによっては胸を叩くと

オスゴリラのドラミング

き空中へ飛び上がり、片足で蹴る動作をする。なかなか個性的で美しいものだ。ホウホウと鳴くのはオスにしかできず、ドラミングもオスが叩くとポコポコポコポコと澄んだ太鼓のような音がするが、メスや子どもではペチペチと響きが悪い。これはオスが成熟すると喉から大胸筋の下にかけて三角形の共鳴袋が発達するせいで、ここに空気をためて叩くとまさに太鼓のような音が出る。

ゴリラのオスは基本的に観客がいるときしかディスプレイをしない。私は単独生活をするオスを追いかけたことがあるが、彼は群れに出会ったときしかディスプレイをしなかった。ディスプレイとは単なる情動の発露ではない。明らかに他者に見せるものなのだ。しかも、それは特定の相手に向かって行われるわけではなく、不特定多数の他者に向けられている。ゴリラのオスのドラミングは、他のオスに対しては手強い相手だと思わせ、メスには信頼できるパートナーとしての力と技量を示し、子どもたちには頼りがいのある保護者として見えるように、見栄を張る手段なのである。ドラミングを構成する行動要素から見て、この行動は明らかに地上で行うように発達したものだ。現生の大型類人猿は三つの属に分かれるが、オランウータンは樹上性が強く、アフリカに生息するゴリラとチンパンジーは地上をよく使う。おそらく、ドラミングは類人猿の分布域がアジアとアフリカに分かれてから、アフリカだけで発達したものだろう。オランウータンのオスにも喉のところに袋があって、大きな声を出せるようになっている。しかし、ドラミングに類似した行動は知られていない。ゴリラのオスはこの袋をさらに胸まで広げて、太鼓のように叩くようになったのだ。

人間の男もドラミングをする

アフリカの類人猿の共通祖先がドラミングのようなディスプレイをもっていたと思われるのは、チンパンジーやボノボにもゴリラのドラミングとよく似たディスプレイがあるからだ。いずれもオスがよくする行動である。チンパンジーのオスは、ゴリラと同じように、①体を左右に揺すり、②ホウホウと鳴き、③二足で立って、④あたりを叩いたり、足を踏みならしたりしながら、⑤枝や石を放り投げたり、枝を引きずって、⑥肩をゆすりながら走り回り、⑦前方へ突進して、⑧最後に木を両手で叩いて終了する。ゴリラと比べると、胸や地面を叩く代わりにあたりの木の幹や根を叩くところが異なっているが、後の行動はほとんど同じである。ボノボのオスのディスプレイはもっと簡略化されていて、①体を左右に揺すり、②二足で立ち上がって、③枝を引きずりながら、④突進する、という単純なものになっている。ホウホウという鳴き声もなく、叩くという行動も見られない。しかし、行動要素とその連鎖の類似から見て、三種の類人猿のディスプレイが同じ起源をもつ行動であることは疑いない。

三種で違っているのは、ディスプレイの意味である。チンパンジーでは最も優位なオスがほとんど独占的にこのディスプレイを行うので、ゴリラのドラミングと似たような意味があることがわかる。つまり、自分の力を誇示しているのだ。しかし、チンパンジーのオスは他のオスたちと一つの集団で共存しているから、このディスプレイはオスの優位性の誇示となっている。ゴリラのオスどうしはディスプレイ合戦をして互いに対等に別れ合い、距離を置くが、チンパンジーでは最優位のオスだけが行い、他のオスはディスプレイをしたオスにへりくだった態度を示すのだ。

ボノボのディスプレイは、もはや力の誇示といった意味が薄らいでしまっている。敵対的な交渉で発現するときは、明らかに優位性の誇示として用いられるが、オスばかりでなくメスもよく行う。また、この行動は群れが出発する前触れとして起こることがあり、仲間の移動を促す効果があるようだ。遊びの中でもよく見られる。おそらく、ドラミングは性的二型（身体の特徴における際立った雌雄差）が強い類人猿の社会にオスの対等なディスプレイとして発達したのだろう。それがチンパンジーのように複数のオスが共存し、性的二型が弱まるとオス間の優位性の誇示に変化した。さらに性的二型が人間より小さくなると、ボノボのようにオスとメスの優劣があいまいになり、ディスプレイが仲間の注意を引いたり遊びとしてしか機能しなくなったと考えることができる。

実は人間にも、ドラミングと同じようなディスプレイがある。人間の男の喉には共鳴袋はないが、代わりに声帯が太くなって低い声が出せるようになる。これはオランウータンやゴリラのオスと類似した特徴だ。チンパンジーやボノボのオスは声変わりをしない。また、よく胸を叩いて見得を切るのは男に特有なしぐさである。親分やボス、リーダーや政治家などがこのしぐさをよくする。歌舞伎の見得はまさにゴリラのドラミングそのものとしか思えないほどよく似ている。歌舞伎は江戸時代の前期に登場した日本が誇る芸能である。この時代にゴリラはまだ日本に来てはいなかった。ということは、ゴリラも日本人も男のディスプレイの美しさを極めた挙句、同じような所作に行き着いたということなのではあるまいか。チンパンジーのオスのようにあたりを叩いたり、蹴ったりするのも人間の男に多く、ちゃぶ台をひっくり返すなどという仕業も一家の長たる親父ならではのことだろう。さらに、誰が考え出したのか、相撲の仕切りもゴリラのドラミングによく似ている。蹲踞《そんきょ》して胸を張り、両手を広げてかしわ手を打つ動作は太古の昔から引き継がれてきたものだろうが、いつしかゴリラのドラミングに象徴されるような男らしさを最大限に表す形に収斂《しゅうれん》してきたのだろう。人間の男も、アフリカの類人猿のオスと共通な行動の基盤をもっているのである。それはとりもなおさず、メスや女がそういった派手な行動をオスや男がとることを好んだからこそ、発達してきたものなのだ。

メスに選ばれる条件

さて、このようなオスのディスプレイは、メスに対しては自分を売り込む手段となっているはずだ。それをどのメスも正直に受け取って、立派なディスプレイをするオスを選んで交尾をしてくれるならオスの苦労も報われる。しかし、あにはからんや、メスはオスの思惑通りには動かない。サルの社会の面白さはそこにあるのだ。

単雄複雌群をつくる社会では、オスは対等な関係を保ち、どのオスもディスプレイをするからメスの選択基準は明確ではない。ただ、こうした社会にはかならず集団の核オスになれないオスがいて、単独生活をしたり、オス集団をつくったり、両性集団にフォロアーとして加わっている。フォロアーたちはメスと接触することは許されているが、うっかり交尾をしようとすると核オスから激しく攻撃される。ディスプレイを行うこともない。すなわち、繁殖力のあるオスとして振る舞うことを禁じられていると考えられる。ディスプレイはそのオスに他のオスと対等に張り合う力があり、繁殖力があることの宣言であるから、メスはディスプレイをしたオスの中から自分が頼るオスを見つけることになる。単雄複雌群社会では、ディスプレイをすることがまずメスから選ばれる条件ということになる。

　複雄複雌群をつくる社会では、優位なオスがもっぱらディスプレイを行う。しかし、だからといって優位なオスが多くのメスと交尾をし、多くのメスに子どもを産ませるわけではない。全群の個体が識別され、長期にわたって調査が続けられているニホンザルやアカゲザルでは、劣位なオスでも優位なオスに決して引けを取らずに交尾をすることがわかっている。それはいくつかの理由による。

　まず、優位なオスはあちこちでけんかが起こると、いちいち介入しに行かなければならないので忙しい。自分より劣位なサルがけんかに勝って気勢を上げると優劣の階層にひびが入るし、仲裁しなければメスたちにも見放される。そのため、せっかく優先的に発情メスに近づけても落ち着いて交尾をしている機会が少ない。けんかに介入している間に、メスは他のオスと交尾をしてしまう。森の中には隠れる場所がたくさんあるので、遠くへ行かなくても騒がなければ容易に姿を隠していられる。劣位なオスたちは、優位なオスたちが優位性を誇示している間にメスと一緒に姿をくらまし、交尾をしてしまう。サルの社会にもスニーカー（魚の行動として知られている用語で、メスとペアになれない弱いオスが強いオスのすきをみて受精してしまうこと）的な交尾をするオスがいるのだ。

スニーカーの交尾はあっという間に終了するのが特徴である。ニホンザルの交尾はふつう何度もオスがメスの腰に乗ること（マウンティング）を繰り返した後に射精するが、スニーカーの交尾は一、二回マウンティングしただけで射精してしまうことが多い。お目当てのメスが他のオスと交尾をしているところを見つけると、優位なオスはほとんどと言っていいほどメスを攻撃する。オスよりメスを攻撃したほうがリスクが小さいからだろう。しかし、それでもメスは懲りずに他のオスと交尾をするので、優位なオスのディスプレイや攻撃はメスの関心を引きつけるには効果的でなかったことになる。

優位なオスがよくとる手段は、ストーカーのように発情したメスにつきまとうことだ。しかし、メスはこのオスの誘いをまったく拒否することもできるし、交尾をするが子どもをつくるのは別のオスという作戦をとることもできる。メスが腰を上げなければオスは交尾ができないし、それを強制する手段はほとんどないので、交尾が成立するか否かはメス次第である。また、人間以外の霊長類のメスは自分の排卵日をきちんとわかっている。排卵日には明らかに行動を変えることが多いからだ。しかし、オスにはこれがわからないことが多い。そこで、メスは排卵日までは優位なオスに付き合って、排卵日になると別のオスと交尾をする。優位なオスのそばにいれば、有利に食物をとれたり、他のサルに攻撃されることがないからだ。しかし、排卵日でなければ、優位なオスがいくら交尾をしても子孫を残せない。その結果、優位なオスでも劣位なオスでも同じように子孫を残すことになる。

オスの優劣順位は何のためにあるのか？

ではいったいオスにとって優劣の順位は何のために存在するのだろう。それはメスを介してオスたちが共存するために、優先権を決めてトラブルを防ごうというルールである。そのルールは食物においては厳格に守られている。しかし、交尾においてはメスの選択によって順位による優先権は乱される。メスの選択はオスの順位関係を変化させたり、母系社会ではオスの移動を促進するように働く。メスにもてるオスがメスの助力を得て順位を上げたり、メスに拒否され交尾ができなくなって群れを離れるオスがいるからだ。

複雄群社会では劣位なオスは去勢されているわけではない。優位なオスの目が届かないところでは、メスの誘いに応じていつでも交尾ができる態勢にある。しかも、発情するメスの数が多ければ、優位なオスも独占するのをあきらめて、劣位なオスが目の前で交尾をしても攻撃しなくなる。そのうち自分の力に自信をつけたオスが順位を上げ、オスたちの優劣関係が組み替えられる。

外から来るオスも、メスの態度によっては群れオスたちの関係に変化を生じさせる原因となる。メスは見知らぬオスを好む。優位なオスにガードされていても、勇壮なディスプレイをするソリタリーがやってくると、メスは優位なオスを振り切ってソリタリーのほうへ行ってしまう。当然ソリタリーは我が物顔でメスを追随し始めるから、優位な群れオスはソリタリーと立ち向かわねばならなくなる。そのとき、優位なオスの力が弱っていたり、群れオスの連携がうまくとれなかったりすると、ソリタリーが闘いに勝って優位なオスとして加入することがある。闘わなくても、メスとの交尾を通じて群れのメンバーと交流をもち、その後劣位なオスとして加入してくるソリタリーもいる。ストレンジャー好みのメスに交尾を拒否されて、群れを去る優位なオスもいるだろう。メスの選択はオス間の優劣順位を無効にしてオスたちの関係を変化させ、より新しいオスとの繁殖機会を増やすような効果をもっているのである。

メスが集団間を移籍する類人猿やクモザルたちでは、メスの選択はもっと直接的だ。群れオスたちが交尾相手として好ましくなければ、メスたちは別の群れへ移ってしまうことができるからだ。性行動がよく調べられているチンパンジーの社会では、交尾様式には、①優位なオスが独占的な交尾をする、②メスが複数のオスと乱交的な交尾をする、③特定の雌雄がコンソート・ペアをつくり姿をくらます、という三種類がある。優位なオスのディスプレイが効を奏するのは①だけだ。

チンパンジーでは劣位なオスが発情メスを誘うディスプレイが知られている。優位なオスに悟られないように発情メスから少し距離を置き、木の葉を口にはさんでピリピリと音を立てて引き裂くのだ。すると発情メスがそうっとやってきて交尾が成立することがある。チンパンジーのオスは逢い引きのための信号をもっているのだ。劣位なオスはメスといっしょにペアをつくって何日も姿をくらますことがあり、この際にメスが妊娠する率が高いという報告がある。チンパンジーのメスも、オスが決めた優劣の序列を無視して繁殖相手を選ぶ傾向があるのだ。

このように、人間以外の霊長類のオスの行動を見てみると、オスたちは意中のメスではなく、「発情したメス」をめぐって競い合っていることがわかる。メスには発情する時期があって、発情していないメスは交尾の対象にはならないからだ。しかし、だからといって、発情していない時期のメスは無視していいというわけではない。メスがいつ発情するかははっきりわからないし、発情してもいつ妊娠可能な排卵時期であるかをオスは見定めることができない。しかも、メスはオスを選ぶ。優位な社会的地位にあっても、メスに交尾相手として選ばれるわけではない。だからこそ、発情していないメスにもオスたちはあの手この手で近づき、機嫌を取って自分を選んでくれるように仕向けるのである。むしろ、発情していない時期のメスに自分をアピールすることが大事なのかもしれない。

一方、人間の女は目立った発情を示さないし、もちろん排卵時期がいつかもわからない。男を選ぶ目はきわめて多様だ。そこで、男たちは他の霊長類以上に女たちに気を使うことになる。それぞれの文化はパートナーをめぐって男たちが体力と知力を競い合った結果を反映している。力のある者はなるべくたくさんの女を囲い込もうとするが、女たちはそれをするりと逃れて自分の好きな男を選ぶ。男たちはなるべく他の競合相手を制して、意中の女に迫ろうとするが、女たちはそれを見透かしたかのように男たちを競わせて、自分たちの好みに従わせる。時には体力が、時には財力が、時には知力が、また時には芸術などのとんでもない能力が女たちの気を引くことになる。

しかし、女たちに気に入られたからといって、また性交渉の機会を与えられたからといって、それが自分の子孫を残す結果になるわけではない。恋と結婚は必ずしも一致しないし、結婚して子どもが生まれても、男は自分の子どもであるかどうかを確信できないからだ。それが人間社会に多くの出来事やトラブルを生んできた。

しかも、人間の性の相手は異性とは限らない。人間の社会には、昔からきわめて多様な性の世界が隠されている。それを、男の視点から探ってみることにしよう。

第三章　同性間の性交渉

ホモセクシュアルは人間だけの特権ではない

私たち人間の社会には広範に男性どうしの間で性的な交渉が見られる。こういった同性間の性的な交渉をホモセクシュアルな交渉と呼ぼう。キンゼイ報告によれば、アメリカ人男性の二五パーセント以上が十代のときか成人してから他の男性と性的な体験をしたことがあるし、ヒルシュフェルトは一九二〇年代のドイツ人男性の二パーセントが同性愛者で、三パーセントが両性愛者だったと見なしている。フォードとビーチはアメリカ合衆国以外でホモセクシュアルな交渉が見られる七六の社会のうち、四六の社会でこの交渉が正常なものと見なされ、地域社会から是認されていることを指摘している。もちろん日本でも、平安時代から男性が性的な対象を少年に求める「衆道」が一般に認められ、江戸時代には「陰間茶屋」と呼ばれる男色専門の売春宿があった。ホモセクシュアルな交渉は社会や文化を問わず、人間に共通の特徴だと思われるのである。

しかし、欧米では近代になってホモセクシュアルな交渉を禁ずる傾向が強まり、厳しい罰を科すようになった。アメリカ合衆国では最近まで多くの州に男色禁止法があり、懲役二〇年の刑を科していたところもある。セジウィックによれば、これは男性支配の世の中で男性間の連帯を確立するために生まれた同性愛嫌悪が根本にあるという。つまり、男性間のきずなが同性愛として読み取られないように、女性を性的に支配し私的な領域へ隔離しようとする傾向の反映だったというわけである。ホモセクシュアルな交渉は、異常な性、あるいは逸脱した性として、パラフィリア、フェティシズム、動物性愛、サディズム、マゾヒズムなどと同じように扱われてきた。繁殖に結びつかない性交渉は自然の摂理に反すると見なされたわけである。でも、それは本当に自然に背く行為なのだろうか。

たしかに、これまでホモセクシュアルな行動は繁殖に結びつかないために、常に合目的的に行動しているはずの動物には存在し得ないものと考えられてきた。繁殖に結びつかない行動は自然淘汰によって消滅すると考えられるからである。しかし、実は動物にもさまざまな種で同性間に交尾に似た交渉が起こるのである。ウマ、ウシ、ブタなどの家畜では、メスがさかりのついたオスのように他のメスに乗ろうとする行動が昔から知られており、そのメスが交尾可能な状態になった徴候と見なされてきた。他にもネズミ、ウサギ、ヒツジ、ネコ、サル、イルカ、クジラなど、多くの哺乳類でホモセクシュアルな交渉が報告されている。

これらの哺乳類のオスが示すホモセクシュアル交渉は、一般にメスが発情していて、オスがそのメスに近づけない状況でよく起こる。発情メスが見える場所でオスたちが隔離されていたり、優位なオスに邪魔されて発情メスに近づけないときに、オスたちが交尾とそっくりな行動を同性間で示すのである。哺乳類の交尾はオスがメスの腰に馬乗りになる姿勢で行われるが、ホモセクシュアルな交渉では劣位なオスがメスのような姿勢をとることが多い。ペニスが肛門へ挿入され、射精が起こることもある。こういった同性間の性交渉は、異性の相手が得られると消失してしまうことが多いので、交尾の代償と考えられている。

しかし、イルカ、クジラ、サルなど知能の高い哺乳類になると、ホモセクシュアル交渉は単なる交尾の代償ではなくなる。ハンドウイルカでは、求愛の季節で交尾に許容的なメスがいたにもかかわらず、二頭のオスが数カ月間にわたってホモセクシュアルな交渉を続けたことが報告されている。また、サルや類人猿の世界では実にさまざまなホモセクシュアル交渉が知られており、なかには交尾では見られない行動も報告されている。その多様性のなかに、人間のホモセクシュアル交渉の進化史を解く鍵が隠されているに違いない。

性器を接触させる意味は多様だ

サルの同性間に見られる性的な交渉は、それが本当に性的なものなのか、別の動機と心理に基づいた疑似性交渉なのかを判断するのがむずかしい。そこで、行動観察から その交渉が性的なものかどうかを判断する基準として、①持続的な性器の接触刺激が含まれている、②少なくとも一方の個体に性的な興奮が見られる、という二つの指標がよく使われる。性的な興奮は、発情した際に聞かれる独特な音声や、射精の際に現れる表情やしぐさによって判断する。

こうした基準を用いて同性間の交渉を分析してみると、霊長類には性的な喚起を伴わない性器接触行動が頻繁に起こっていることがわかってきた。昔から、サルのオスどうしによく交尾と同じようなマウンティング（馬乗り行動）が見られることが知られていたが、そのほとんどはセクシュアルな行動ではなかったのである。

たとえば、ニホンザルのオスは他のオスによくマウンティングする。ニホンザルには秋から冬にかけて交尾季があって、この時期しか交尾は起こらないが、オスどうしのマウンティングは春にも夏にも見られるのである。しかし、オスどうしのマウンティングは性的な興奮が伴っていないことが多い。リップ・スマッキングやハインド・クォーターズ・ディスプレイなどの求愛行動が見られないし、ペニスが勃起していない。マウンティングも交尾では数回から数十回にわたって何度も馬乗り姿勢を繰り返すのがふつうだが、オスどうしでは一回乗っただけでわずかなスラスト（腰を前後にピストンのように動かす）の後、射精もせずに終了してしまう。さらに、オスどうしのマウンティングは幼児にもよく起こる。成熟したオスの血液中のテストステロン（性ホルモン）は交尾季に急増し、これに応じてオスは発情する。しかし、テストステロンの量が変化しない幼児や去勢されたオスでも、マウンティング行動を示すのである。

こういったオスどうしの非性的なマウンティングは、社会的な緊張を伴う状況で一種の宥和行動として起こることから、社会的マウントと呼ばれている。群れの中で敵対的な交渉が起こったり、外敵が現れたり、大きな音が響いたりした直後によく起こるのである。交尾は第三者の注目を集め、劣位なオスの交尾は優位なオスに妨害されることが多いが、社会的マウントは仲間の関心を引かず、きわめてあっさりと終了する。

社会的マウントは、あいさつや遊びのなかでもよく現れる。サルたちは同じ群れの仲間と毎日顔をつき合わせて暮らしているが、時折ばらばらになって採食することがある。そんなとき、しばらく離れていたオスどうしが再会すると、社会的マウントがよく起こる。オス間には優劣の関係が認知されているが、優位なオスも劣位なオスもマウンティングを誘うことがある。どちらが上に乗るかも優劣にあまり関係ないようだ。

あいさつでは社会的マウント以外の性器接触が起こることもある。エチオピアやサウジアラビアに生息するマントヒヒのオスは、単雄複雌の構成を持つハレム型の群れをつくる。ハレムを構えるオスどうしはいつも張り合っているが、複数のハレムがいっしょの泊まり場で眠り、いっしょに採食の旅に出るので、オスどうしはよく出会う。この出会いのときに近づいてきたオスが他のオスの睾丸に手を伸ばして触ることがよくある。接触は一瞬だが、これもあいさつの一種で互いに敵対することを未然に防止する手段と考えられている。

このように、霊長類では同性間の非性的な性器接触はメス間よりもオス間によく起こる。それは、多くの霊長類でオスだけが生まれ育った集団を離れ、見知らぬ仲間と社会生活を送るせいかもしれない。なぜ、性器を接触させるのか？　それは、性器が弱く、敏感な場所であるからかもしれない。しかも、繁殖にとってなくてはならない大切な器官である。それを相手に無防備に差し出すことで、相手との平和な関係を希求していることを表すのではないだろうか。

生まれ育った集団で生涯を送るメスは、自分の血縁者や仲のよい仲間と付き合っていればよく、見知らぬ同性の仲間と新たに親密な関係を結ぶ必要がない。また、オスがメスより優位な社会では、メスどうしのけんかには優位なオスが介入する。しかし、オスどうしのけんかをふだん劣位なメスが仲裁してくれることはない。そのため、オスたちは自分たちの間に起こった葛藤や緊張を当事者どうしで鎮める必要がある。メスよりも強い力を持ち、鋭い犬歯をもつオスたちは本気で闘えば致命傷を負う危険も高い。そこで、マウンティングなど性器に接触する行動を宥和行動に転用し、興奮や緊張を解いて未然に闘争を防ぐ技術を発達させたと考えられるのである。

人間の男どうしの交渉にはふつう性器を接触させる行動は見られず、握手や抱擁、肩をたたきあう行動などが一般的だ。他の霊長類のオスにみられるような鋭い犬歯が人間の男にはなく、武器を持つようになって、わざわざ性器を差し出す必要がなくなったのかもしれない。武器を捨てて、無害であることを相手に見せればいいからだ。ただ、古代のギリシャ文化をはじめ、ホモセクシュアルな交渉をもつことが教育には不可欠と見なされてきた社会も多い。年長者が持つ知識や能力は性的な行いによって伝授されるという考えがあったことがわかる。これも、性器の接触が人間の同性にとっても特別に親密な仲をもたらすことを示していると思われる。

類人猿のホモセクシュアル交渉

社会的マウントは、哺乳類のなかでとくにサルのオスたちに発達した行動であるが、サルに性的なホモセクシュアル交渉が欠如しているわけではない。ニホンザルでも交尾季になると、オスどうしで射精を伴うマウンティングが見られることがある。乗られるオスは発情したメスのような声で同性のパートナーを誘い、交尾と同じような複数回のマウンティングが起こる。ニホンザルの仲間のベニガオザルやチベットモンキーでは、オスどうしでペニスを口にくわえるフェラチオが見られることがある。しかし、これらのオス間の性的な交渉は、発情したメスがいる状況に限られている。サルのオスはメスの発情刺激に応じて性的に興奮するように条件付けられていて、メスがいないのに勝手に性的に高まってホモセクシュアル交渉を結ぶことはないようだ。

ところが、類人猿になるとこの一般的傾向から外れる場合が出てくる。オランウータンのオスたちは野生ではふつう単独で暮らしているので、社会交渉をすること自体がまれでホモセクシュアル交渉も知られていない。ただ、孤児を集めて野生復帰させる訓練をするリハビリテーション・センターでは、いっしょに暮らしていた二頭の若いオスどうしがペニスを吸ったり、肛門にペニスを挿入して射精する交渉が観察されている。このセンターには孤児ばかりで成熟したメスはいなかったはずなので、若いオスたちはメスからの刺激を受けずに性的に興奮したことになる。ペニスを吸われたオスは相手のオスの後をついて回るようになり、引き離されると今度は別のオスのペニスを吸うようになった。どうやら、オランウータンではオス間の性的な交渉が習慣化することがあるらしい。動物園でいっしょに飼われていた二頭のオスは日常的に肛門へペニスを挿入するホモセクシュアル交渉を続けた後、メスといっしょにされたが、メスとの交尾でも肛門性交しかできなかったという報告がある。

ゴリラではさらに興味深い事例を私は観察している。中央アフリカにあるヴィルンガ火山群でマウンテンゴリラのオス六頭からなる集団を観察していたときのことだ。二頭いる成熟オスのうちの一頭が、突然ホロホロホロというラブ・コールを発しながら六歳の若オスに接近をはじめた。若オスは明らかにこれを嫌って接近を避けた。ところが性的に興奮したオスは執拗に接近を繰り返し、とうとう若オスを追い詰め、仰向けに体の下に組み敷いて腰を前後に動かし始めた。他のオスたちはそれを取り囲んで興味深そうに見守っていた。オス集団にはメスは加わっておらず、近くにメスを含む集団がいた形跡もなかったので、このオスどうしのホモセクシュアル交渉はまったくメスの刺激なしに発現したことになる。

このホモセクシュアル交渉は数日間同じ組み合わせで行われたが、やがて別の成熟オスが別の若オスに求愛を始めた。今度は若オスも発情したメスのようなしぐさでこのオスを誘い、交尾とそっくりな姿勢でスラストが行われた。その後、他の二頭の青年オスもホモセクシュアル交渉に参加し始め、さまざまな組み合わせで交尾に特有な音声をあげながらオスどうしが抱き合う姿が見られるようになった。面白いことに、青年オスや若オスたち四頭はほぼ乱交に近い状況で、オスのような姿勢もメスのような姿勢も示した。彼らどうしの交渉では互いに役割を交換したり、ときにはどちらの役をしているとも判別がつかないようなことがあった。しかし、成熟したオス二頭は必ず乗りかかってスラストをするオス役で、しかも相手を互いに重複させないようにしていた。メスを含む集団でも成熟したオスが二頭いる場合には、オスどうしが互いに違うメスと交尾することが多い。オス集団のオスたちも、これと同じようにホモセクシュアルなパートナーを重複させないように、なるべく競合しないような工夫をして共

ゴリラのオスどうしのホモセクシュアルな交渉

存していたのである。ゴリラのオスたちは、異性の相手と同じようにホモセクシュアルなパートナーシップをもっていたことになる。

オランウータンとゴリラのオスに共通するのは、オス間に社会的マウントが見られないことである。どちらのオスもふだんは他のオスと離れて暮らしているので、社会的緊張を減じて共存するための特別な行動を発達させる必要がなかったのだろう。このため、性器の接触は常に性的な文脈で発現し、性的な興奮を伴うことになる。ホモセクシュアルな交渉がいったん起こると、それが常習化する傾向もよく似ている。

さらに、メスからの刺激を受けずにオスが同性に対して性的に興奮できるという能力も共通している。実は、オランウータンのメスもゴリラのメスも、発情徴候をほとんど示さない。どちらのオスも発情徴候を示さないメスへの接近権をめぐって互いに競い合っているのである。ふだん単独で暮らすオランウータンのオスは、メスと出会うと発情の有無に関わらず交尾を迫ることが知られている。おそらく、サルとは違い、オランウータンとゴリラのオスはメスの発情刺激によらずに性欲を覚える能力を発達させているのだろうと思われる。

一方、チンパンジーとボノボのオスたちは、これとはまったく違う性的な能力をもっている。まず、彼らには社会的マウントが見られる。馬乗りという姿勢は見られないが、チンパンジーのオスは他のオスの腰を後ろから抱くことがあり、これは一種の緊張緩和行動だと見なされている。ボノボのオスどうしは、他の集団と出会って緊張が高まったときなど、互いに後ろを向いて尻をつけたり、向き合って抱き合いペニスを触れ合わせたりする。性器に接触するとはいえ、性的な興奮はあまり高くはないようだ。オスどうしのあいさつには、顔を近づけたり、手を握ったりという性器が接触しない行動も多い。チンパンジーとボノボのオスは、ニホンザルと異なり、生まれ育った集団を出ずに生涯を送るので、互いのくせや能力を知りつくしている。性器接触を用いてあっさりとあいさつを交わすようなわけにはいかないのだろう。

ボノボのメスはホカホカをする

一方、チンパンジーとボノボのメスは生まれ育った集団を出て、他の集団で最初の子どもを産むことが多い。このため、メスにとって見知らぬ仲間とどういう関係を築いていくかは重要な課題だ。チンパンジーのメスはなるべく他のメスと付き合わないように距離を置いて暮らしている。一方、ボノボのメスは常に雌雄を含む混成の集団をつくる。この集合特性の違いを反映して、ボノボのメスは、オスに対してもメスに対しても、頻繁に性的な交渉を結ぶ。

ボノボのメスは約三五日間の月経周期をもつが、排卵前の二週間から二〇日間も性皮がピンク色に腫脹するという発情徴候を示す。メスはこの鮮やかな色をした性皮を相手に見せて性交渉に誘う。相手がオスなら交尾に、メスならホカホカと呼ばれる性器こすり交渉になる。ホカホカは、メスどうしが向かい合って抱き合い、腰を左右に振って腫れた性皮をこすり合わせる行動である。快感があるらしく、交尾に特有な顔の表情や声が伴うことが多い。ただ、性皮が腫れていないメスでもホカホカをすることがあるので、必ずしも発情していなければ起きないわけではない。

重要なことは、このホカホカや交尾が社会的緊張が高まった際に発現する傾向である。集団内でけんかが起こったとき、集団どうしが出会ったとき、離れていた仲間と再会したとき、ボノボのメスは頻繁にこうした性的交渉を結ぶのである。ニホンザルの社会的マウントと違うのは、ボノボのホカホカが性的興奮を伴っているということだ。ボノボは性的な行動をあいさつなどの宥和行動に転用したが、その際に性的な興奮を払拭しなかったのである。これは、ボノボがほぼ完全な乱交で、極めてあっさりした交尾を行うことと関係があるだろう。ボノボの交尾はわずか十数秒しか続かないし、交尾のパートナーをめぐって激しく争うこともない。こういうお手軽な交尾を発達させたからこそ、ボノボは性的な交渉をそのままの形で緊張緩和行動に用いることができたのであろう。

チンパンジーのオスもボノボのオスも、性的な興奮を伴うホモセクシュアルな交渉をあまり結ばない。これは、彼らがメスの発情徴候によって性的に興奮するように条件付けられているからである。チンパンジーのメスも約三七日間の月経周期で二週間ほど性皮を腫脹させる。ボノボほど乱交的ではないが、やはりオスたちが発情メスのまわりに群らがり、メスは複数のオスと交尾をする。オスは性皮の腫脹していないメスには性的な関心を示さない。チンパンジーやボノボのオスは、メスにではなく、腫れた性皮に性的な興奮を結びつける傾向をもっているのである。

チンパンジーのメスの腫れた性皮

こうして類人猿を比較してみると、オス間の常習的なホモセクシュアル交渉はオランウータンとゴリラだけに起こることがわかる。彼らがチンパンジーやボノボと違うのは、①オスがメスよりはるかに大きく、②オスどうしが力で張り合う、反発的な関係を保っており、③メスが顕著な発情徴候を示さず、④交尾の持続時間が長い、という特徴である。チンパンジーやボノボの交尾時間は平均一五秒以下なのに対して、ゴリラの交尾は一分以上続く。オランウータンでは一〇分以上続くこともまれではない。オス間のホモセクシュアル交渉は交尾よりもさらに長く続く傾向がある。オスどうしでなるべく対等な関係を保って共存しようとする彼らは、性を緊張緩和行動に転用せず、性の対象を広げじっくり時間をかけて楽しむように進化してきたのかもしれない。

人間は性のアウトサイダー

さて、ではわれわれ人間の男たちは、類人猿と共通の祖先からどのような性の特徴を受け継いで来たのだろうか。まず、人間は霊長類の一般的な性の特徴を大きく逸脱しているということに注目してみよう。

類人猿の性行動は、サルに比べると性ホルモンの影響をあまり受けていない。メスの発情に排卵日を区切りとした周期性があることはサルと変わらない。しかし、オランウータンのオスは発情の有無に関わりなくメスに求愛し、メスも発情していないのにオスの誘いに応じて交尾することがある。ゴリラでも若いメスは発情していないのに、交尾の際に出す声を発してオスと性的な遊びをすることがある。

アフリカに生息する類人猿（ゴリラ、チンパンジー、ボノボ）のメスは、妊娠中でもオスと交尾をする。妊娠すると血中のプロゲステロン（黄体ホルモン）の値が上昇するので、サルでは発情も排卵も抑えられる。ところが、アフリカの類人猿は周期的に発情徴候を示し、出産の直前まで交尾をすることがよくある。私も野生のゴリラが出産の前日に交尾したのを目撃したことがある。

もうひとつ、霊長類のメスはふつう授乳中には発情も妊娠もしない。母乳の産生を促すプロラクチンというホルモンが、エストロゲンの分泌を妨げて発情や排卵を抑える働きをするからである。類人猿でも授乳中には妊娠しないので、排卵が抑えられていることは確かである。めったに交尾もしないし、チンパンジーのメスは性皮が腫脹しないので発情も抑えられているようだ。類人猿の赤ん坊は二―四年も授乳するので、出産間隔は三―五年と長くなる。この間、メスは性的な魅力をもたなくなるのだ。しかし、ボノボのメスだけは出産後一年で発情を再開し、周期的に性皮を腫らすようになる。授乳中、妊娠はしないので排卵は抑えられていると思われるが、発情は抑制できなくなっているのである。このため、ボノボでは赤ん坊を抱えたメスがオスと交尾し、メスともホカホカをする姿が日常的に見られる。

人間の性行動は、類人猿よりさらに性ホルモンの影響を受けなくなっている。先にも述べたように、排卵は周期的に起こるが、発情という徴候はない。たとえあっても周期的には発現しないし、男にもわからない。男は発情徴候を示さない女に求愛し、女もそれを受け入れることがある。性交渉は排卵とは無関係に行われる。妊娠中も授乳中も性交渉が可能だし、授乳中に妊娠することもまれではない。年子が生まれるのはその証拠である。つまり、人間ではプロラクチンが発情も排卵も抑制しないことがあるのだ。まさに、人間は霊長類の中では性のアウトサイダーとも言うべき存在なのである。

人間のホモセクシュアル交渉は、この人間の性進化の大いなる遺産であろうと私は思っている。女が発情徴候を示さないのは人間だけの特徴ではない。オランウータンやゴリラのメスだって発情徴候を示さない。これら二種の類人猿社会では、性的興奮を伴うオスどうしのホモセクシュアル交渉が見られることを思い出していただきたい。発情徴候を示さないメスに性的な魅力を覚えるオランウータンやゴリラのオスたちは、性の対象を広げる傾向をもっているのである。ボルネオ島にあるオランウータンのリハビリテーション・センターでは、オランウータンのオスが人間の女に興味を示し、あろうことかレイプに及んだことが知られている。ゴリラのオスたちは人間には興味を示さないが、オスどうしで性的遊戯にふける。オランウータンやゴリラと同じように発情徴候を示さず、しかも妊娠中や授乳中にも性交渉が可能になった人間の女に対し、男はさらに性の対象を広げるように進化したに違いない。

性皮を腫脹させて乱交的な交尾をするチンパンジーやボノボの交尾は、わずか数秒から十数秒で終了するあっさりしたものだ。ボノボでは交尾や同性間の性器接触があいさつや緊張緩和にも使われている。しかし、人間の性交渉は持続時間が長いし、あいさつに用いるほど簡略化されてはいない。性交渉は当事者に特別な関係を生じさせるような働きをもっている。人間にとって性交渉は「かけがえのない親しさ」と同義なのである。

しかし、複数の男女が共存する社会をつくった人間にとって、性交渉がいつでも可能になれば共存関係は危機に瀕することになる。ひとりで特別に親しい仲間を何人もつくるわけにはいかないからだ。そこで、人間は性的魅力を覚える特徴を、一般的な性のシグナルではなく、個人的な特徴に限定するようになる。「あばたもえくぼ」ということわざがあるが、これは他人には醜いと映る特徴でも好きになればとても魅力的なものになるということだ。人間は特定の相手の特殊な特徴に性的魅力を感じるように進化してきたのだ。それはとくに男に強く働いた。異性をめぐって強く競合することのある男たちにとって、性交渉をもつ相手を重複せずに共存することは大きな集団で暮らすために不可欠な課題だったからである。

やがて、男にとって性的魅力を感じる相手は女というカテゴリーを超えるようになった。特別な性的魅力は声やしぐさや身体のある部分であって、必ずしも女である必要はなくなったのである。靴や靴下に執着を示すフェティシズムや、羊、ニワトリ、エイを相手にする獣姦や鶏姦などがその極端な例だろう。男の子は岩の割れ目や木の股にだって性欲を感じるのである。ホモセクシュアルな交渉は繁殖に貢献しないので子孫を残すことにはつながらないが、男たちは必ずしも生涯にわたってこの傾向をもち続けるわけではない。青年期にホモセクシュアルな交渉をもち、その後結婚して子どもを残すものもいるし、その逆だってある。しかも、これらの性向が男女の平和な共存につながれば、その男が子孫を残さなくても遺伝子は兄弟や姉妹を通じて伝えられていく。どの社会にもホモセクシュアルな行為が認められるというのは、この傾向が人間の進化の中で遺伝的に定着してきたという証なのである。

ホモセクシュアルの現在

ホモセクシュアルな徴候は、これまで精神病の一種や、後天的な要因によって起こった異常現象で、根気よく治療を続ければ治せると考えられてきた。フロイトは、思春期にエディプス・コンプレックスをうまく乗り越えられなかったことによってホモセクシュアルな性向が芽生えると考えた。エディプス・コンプレックスとは、息子が母親への愛情をめぐって父親と対立することを指し、やがてその競合をあきらめて父親が母親を愛するように他の女性を愛する方向へ息子を向かわせる役割を果たしている。ホモセクシュアルな性向は父親の不在が大きな原因で、息子は母親への愛情を軌道修正できずに母親と自分を同一視して、成人した後かつて母親が自分を愛したように少年たちを愛するようになる、と解釈されたのである。また、父親との競争を回避するために女性を性の対象とすることをあきらめようとする動機からも、ホモセクシュアルな性向が発現するとしている。

この説を受けて、欧米では同性愛者の幼年時代の家庭環境に関する調査が実施された。その結果、同性愛者の父親は子どもに無関心だったり敵対的で、母親は子どもを溺愛し行動に干渉する傾向があることがわかってきた。また、幼年時代に両親の不和を経験したり、父親として認めていなかった者が多かった。しかし、調査によっては逆の結果を示すこともあり、両親の不和や親子関係のひずみが子どもに同性愛の素質を決定付ける要因とは断定できなかった。

また、同性愛者は幼児期から好みや行動傾向が自分の性別とは反対の傾向をもつと言われ、遺伝的な要因を探す試みも盛んに行われた。「ゲイ遺伝子」があるとか、同性愛者は近親にも同性愛者が多いという報告があったが、未だに確たる証拠はない。ただ、双生児を対象にした調査では、一卵性双生児の片方が同性愛者ならば他方も同性愛者である確率が高いので、遺伝的な要因があることは確かなようだ。

さらに近年では、性ホルモンの分泌異常がホモセクシュアル行動を引き起こすという説が有力視されるようになった。ドイツでは第二次世界大戦中に生まれた者に同性愛者が多いことから、胎児のときに母親が受けたストレスが原因と考えられた。ラットを用いた実験でも、妊娠中に強いストレスにさらされた母親から生まれたオスは男性ホルモン（テストステロン）の血中濃度が低く、ホモセクシュアルな行動がよく見られることが判明している。

ラットの実験は、出生前後の性ホルモンの分泌異常が脳の性分化過程に障害を引き起こすことによって、ホモセクシュアルな行動を導くという説を生み出した。脳の性分化は人間では四—五カ月の胎児で始まり、生後四歳くらいで終了する。この時期にテストステロンが分泌されれば男脳になり、なければ女脳になるというのである。腎上体の機能不全によって女の胎児に多量のテストステロンが分泌される副腎性器症候群というものがある。体はふつうの女の子と変わりはないが、性器は部分的に男性化し、男の子のような服装や乱暴な遊びを好むようになるという。これは脳の性分化に障害が起こった例とされ、同性愛者は男脳や女脳にうまく分化できなかったのではないか、と考えられたのである。

こういった主張は、人間のホモセクシュアルな性向が胎生期から出生直後に決定され、その後の成長過程ではほとんど変更不能であることを強調している。母親が妊娠時に強いストレスを受けるという環境要因が含まれているとはいえ、生まれながらにして自分の体とは反対の性に脳が分化したことによって、同性愛者は至極当然の性行動を示し性対象を選択している、ということになる。これは、ある意味で同性愛者にとって朗報だった。それまで精神異常のひとつ、あるいは逸脱した性と見なされてきたホモセクシュアルな志向性が、治療することのできない生まれつきのものであるという根拠ができたからである。この説によって、同性愛者は自らの好む性にしたがって生きる権利を公然と主張できるようになったのである。

性愛という人間独自の現象

しかし、私はホモセクシュアルな性向は人類進化の歴史的産物であり、人間にとって正常な性衝動にもとづく行動であると考えている。たしかに、生まれつき性的関心が同性に対してのみ向けられ、それが生涯固定的である人もいるかもしれない。しかし、多くの社会や文化で認められているホモセクシュアル交渉は生まれつき固定的なものではない。同性とも異性とも性交渉をもつ人がいるし、性対象の変化を経験する人もいる。この大きな可塑性は、人間が性的な魅力を性器や発情刺激ではなく、個人に固有な特徴に求めるようになったことに由来するのだ。

人間の性交渉は他の動物には見られない特徴をもっている。それは性愛という特徴だ。愛は自己と他者を同調させようとする心の働きであり、性愛にはオルガスムという報酬が潜んでいる。それは決して性器刺激だけで得られるものではない。自分にとって特別な他者に思いを寄せ、信頼し、ともに生きようとすることによって性衝動は高められる。『性のアウトサイダー』を書いたコリン・ウィルソンが指摘するように、人間は性的想像力を高めて「過熱セックス」を生み出す力がある。心の中に音楽や詩に感応する部分があるのと同じように、自分を性幻想に感応させることができるのである。それが風俗や習慣ばかりでなく、異性、同性という障壁を越えて人間を性交渉に誘う原動力になっている。

現代では、ホモセクシュアルという言い方は人間には不適当とされている。ホモセクシュアルはヘテロセクシュアル(異性愛)と対置された用語であり、二項対立的な印象を与えるからである。レズビアン（女性同性愛者）、ゲイ（男性同性愛者）、トランスジェンダー、インターセックス、クイアなどという言い方がある。社会の見方が変化するにつれて、異性愛という枠に収まりきれない人びとが続々とカミングアウトするようになった。欧米でも日本でも、こういった人びとが毎年堂々とパレードをするようになっている。

これらの人びとは伝統的な性交渉の型にとらわれないので、性に関して自由でいられる。しかし、それは同時に新しい性愛の創造を宿命づけられていることを意味する。ゲイの人びとに作家や芸術家が多いのも創造性に富む生き方をしているからに違いない。そこには人間が長らく頼ってきた異性愛という対幻想を打ち破る可能性が潜んでいる。それが人間にとって思いもかけない社会の創造につながるのか、あるいは社会の崩壊につながるのか、今は定かではないのだが。

第四章　メスと共存するために

大きいことが有利なのは地上に降りてから

霊長類のオスたちがメスより大きくなったのも、派手になったのも、性選択の結果だと考えられている。つまり、メスが体の大きいオス、派手な外見をしたオスを繁殖相手として選んだために、そういう特徴がだんだんオスに広がったということだ。それは外敵の注意をオスに引きつけ、メスと子どもの安全を守るために有効な働きをしただろう。

しかし、メスより体が大きくなったオスたちは、外敵に対してだけでなく、仲間と競合する状況でもその体を使って有利に振る舞うようになった。自然界では得られる食物には限りがある。同じような好みをもっている者どうしが近くで暮らせば、どうしても食物をめぐって争いが生じる。オスはこういった場面で大きな体を利して優先的に食物を得るようになったのである。

サルたちが樹上で暮らしているうちは、体格の違いはそれほど問題にならなかったに違いない。樹上生活では大きな体はハンディになり、食物を優先的に取ることができないからだ。甘い果実や軟らかい若葉は枝の先のほうにある。それを食べるには体の小さいほうが有利である。大きいオスは太い枝に腰掛けるかぶら下がって、実のなった枝をたわめて口へ運ばなければならない。目の前で食物を横取りされても、体が小さくすばしこい相手を捕まえるわけにはいかない。だから、オスたちはせいぜい自分と同じような体格をしたオスを相手に力を競い合うことになる。樹上では、体の小さいことは決して不利にはならないのである。

だが、地上に下りてくると体格の差は競合に有利に働くようになる。とくに、食物が限られていて、仲間どうしが互いに近くにいなければならないような状況では、体格の大きいオスがあたかも権力を行使するように見える。ニホンザルの餌場がそのいい例だ。餌場に撒かれた栄養たっぷりなイモやマメは、特定の場所に集中しているし、誰でもたやすく餌に手を伸ばすことができる。こういった時は体の大きいサルが餌を独占してしまい、小さなサルはそれを遠巻きにしてながめるか、おそるおそる近寄っておこぼれをちょうだいすることになる。樹上と違って、地上では大きなサルに捕まえられて手ひどい仕打ちを受ける危険が高いからである。

地上では、サルたちは食物をめぐる葛藤をどちらか一方が自制することによって解消している。たいがいは体の小さいほうが食物に手を出すことを慎むので、サルたちには体の大きさに対応した優劣の順位序列があるように見える。だが、体が大きいからといってただ威張り散らせば、常に相手が引いてくれるわけではない。複数のサルが協力してかかれば、どんなに大きいサルでもかなわない。しかも、他のサルたちが怖がって近寄らなければ群れの中で生活することもできない。メスや子どもたちに慕われながらも一目置かれているという関係を保たなければ、オスは体格を利した生活を送れないのである。これはなかなかむずかしい。

メスたちの選択

サルたちが地上生活を送るようになったのは、おそらく過去に地球が寒冷・乾燥化した時代に熱帯林が縮小し、森林を出て食物を探さねばならなくなったからである。地上には強力な肉食獣も徘徊していたはずだ。サルのオスたちは体力を増強して防衛能力を増さねばならなかった。メスたちは大きな強いオスを好んだ。しかし、その代わりに仲間に向けられるオスの暴力にも付き合わなければならなくなったのである。

強大で派手なオスたちと共存するためにメスがとった手段は、特定のオスを保護者として選ぶか、複数のオスと暮らすか、という選択だった。母系の社会と父系の社会でこの二つの手段はそれぞれ別の意味をもっている。

ハヌマンラングール、パタスモンキー、ゲラダヒヒなどの地上性のサルは、母系的な集団をつくる。どの種も一頭のオスが複数のメスと暮らし、メスどうしには血縁関係がある。オスたちは同じ集団に共存せず、したがってはっきりした優劣関係をもたない。つまり、オスたちは互いに離れ合い、お互いの群れに干渉しないことによってトラブルが起こるのを未然に防いでいるのだ。オスはメスの二倍近い体格をしており、いつも他のオスと張り合っているので、あたかもハレムを構える王様のように見える。しかし、群れの主であり続けることはできず、やがて群れを構えていないオスたちから攻撃されて追い出されてしまう。後は他の群れを同じように乗っ取るか、目立たないような態度をとって群れに追随するしか、メスたちと暮らす道は残されていない。闘う力がなければフォロアーと呼ばれる後者の道を選ぶしかない。老オスや若オスにはフォロアーが多く、隠居かまだ見習い中の若僧といった風情をしている。こうしたフォロアーのオスたちはメスの近くで暮らしているが、交尾をすることは許されていない。

パタスモンキー

一頭のオスが複数のメスと群れをつくっていても、父系社会では群れが乗っ取られることがない。血縁関係にあるメスたちが固まって暮らしていないので、新しいオスが強引に入ってきたら、メスたちはばらばらに分かれて他の集団へ移ってしまうからである。これでは乗っ取りにならない。こうした社会では、メスは一緒に暮らすオスを自分で選んでいる。オスはそれぞれのメスとの社会関係を平等に維持しなければならない。母系社会のように、メスたちのうちの一部と親密な関係を保つだけですべてのメスたちと共存できる、というわけにはいかない。気に入らなければ、メスたちはいつでもそのオスを見限って別のオスのもとへと走ることができるのだ。こうした社会ではオスは常に自分の存在をメスにアピールしていなければならない。ゴリラやマントヒヒの社会がその好例で、ゴリラのオスはよくドラミングをしてメスや子どもの注意を引きつける。マントヒヒのオスはしょっちゅう振り返ってメスの注意を自分へ向けさせようとし、メスが自分を無視すれば飛びかかって大仰に首筋にかみつく。

一つの群れで共存するオスたち

複数のオスたちが複数のメスたちと群れをつくる社会では、オスたちが明確な優劣順位をつくって共存していることが多い。ニホンザルやアカゲザルのような母系社会では、血縁関係にあるメスたちが固まり、家系ごとに優劣関係をもっている。順位の高いオスたちは順位の高い家系のメスたちと一緒にいることが多くなる。高順位家系のメスたちは強いオスのそばにいようとするし、順位の高いメスたちは好適な食物資源へ優先的に接近できるからである。

生涯その土地を離れないメスは食物のありかをよく知っている。群れをわたり歩くオスたちは土地に不案内なことがよくあり、メスたちについて歩いて美味な食物に出会えばメスを押しのけて横取りする。食物がたくさんあれば、メスたちも争うほどのことはない。しかし、オスがごっそりついてきても困るので、順位の高いオスだけを容認し、他のオスが近づくと高順位のオスをけしかけて追い払う。あわれなるかな、高順位のオスは自分の威厳を示すために他のオスたちを威嚇し、ときには食物そっちのけで侵入者を追いかけなければならないのだ。

このような母系社会では、オスどうしは互いに距離を置き、自分の近くにどのオスがいるかを気にしているように見える。自分より順位の高いオスがいれば行動を慎まねばならないし、順位の低いオスに対してはむしろ堂々と自分の存在を誇示しなければならないからだ。高順位のオスは、まわりにいつもメスや子どもが群らがっていて、毛づくろいを受けることが多く、いかにもくつろいでいるように見える。一方、低順位のオスは常にあたりに気を配っていて落ち着きがなく、メスたちもあまり寄りつかない。しかし、いくら高順位のオスでもずっとその地位を保ち続けるわけにはいかない。やがては群れを離れるので、低順位のオスは時間がたてば高順位の地位に登っていくことができる。逆に、高順位のオスでも群れを離れれば、今度は低順位のオスとして再出発する運命になる。

同じように複数のオスとメスが集団で共存していても、父系的な社会ではオスどうしが密接な連合関係を形成する。南米の熱帯雨林に生息するクモザル、ムリキ、ウーリーモンキーといった樹上性のサルとアフリカで半地上・半樹上の生活を送っている類人猿のチンパンジーとボノボがこのタイプの社会をつくる。どの種も果実をよく好み、群れの個体がしょっちゅうばらばらに分かれたり集合したりする。この離合集散性は、果実が葉よりもまばらに分布していて量が少ないために、群れがまとまって採食するより分かれて探すほうが効率がいいという採食上の問題を反映している。さらに、同じ群れに共存するメスどうしに血縁関係がないという事情も大きく影響している。小さい頃から一緒に育った経験のないメスたちは協力したり助け合おうとせず、互いに距離を置いて暮らそうとする傾向があるからだ。だからまとまって一日中一緒に行動するより離れて暮らし、危険が迫ったときや手に入れにくい食物が得られたとき、発情して交尾相手を得ようとするときなど、必要に応じて一緒になる相手を変えるほうが都合がいいと思われるのである。

協力関係が生み出す「力のバランス」

父系的な社会ではこのように分散しようとするメスたちに比べて、オスたちは小さい頃から顔見知りのオスどうしで常にまとまって行動する傾向がある。オスたちはメスをまとめることができないので、メスたちが遊動する地域を協力して占有し、見知らぬオスがメスに接近するのを防ごうとするのである。オスたちには明確な優劣順位があるが、強くても弱くても所詮その群れで暮らすしかないのだからお互いの関係は根が深い。こうしたオス間の関係はチンパンジーでよく調べられており、以前もっとも優位だったオスが順位を下げて、自分より年下のオスに気兼ねしながら暮らしていたりする。こういうオスは力は衰えているが、優位なオスを何頭も味方につけていて、どちらに加勢するかで他のオス間の力のバランスをとっていることがある。どのオスも自分だけの力で優位には立てず、他のオスの協力を必要としている。順位は低くても、加勢の仕方によってはキャスティング・ボードを握れるのだ。

ボノボではオスたちの政治に母親のメスが割り込み、メス間の優劣がオスの社会的な地位に影響を及ぼすことがある。ちょっとなさけないオスたちであるが、第三者の力を借りて自分の立場をつくるという性格はチンパンジーと変わりがない。生涯顔見知りの間柄で暮らせば、互いの力や性格も知り尽くすことになる。こういう世界では自分の力だけで他より抜きんでることはできないのだろう。これは人間社会にも通ずるところがありそうだ。

このように、複数のオスが集団内に共存する父系的な社会では、オスがメスに比べてそれほど大きいとは言えない。チンパンジーの性差は現代の人間に匹敵し、ボノボや南米のクモザルたちはもっと性差が小さい。メスが自在に集団間を動く社会では、複数のオスが共存するとあまり性差を拡大せず、血縁関係にあるオスどうしが頼り合って暮らす傾向があることがわかる。この種の社会ではオスがメスに対してことさら力を誇示する必要はなく、オスどうしの間で食物や発情したメスへ接近する優先権を決めるために互いの力の差を利用できればいいのだろう。ボノボは乱交的な性関係をもつので、たとえ交尾の優先権を得たとしてもオス間にあまり大きな差は出てこない。また、メスが見るからに強そうなオスを選ぶ傾向は弱く、このため雌雄の体格はあまり差ができなかったのだろうと思われる。

優劣社会を生き抜くために

複数のオスが共存するところでは、オスたちが互いの優劣関係に基づいて行動する傾向がある。それをサルたちはどのような態度で表しているのだろうか。優位なオスたちが示す態度はどの種でも共通している。毛を立てて精一杯体を大きく見せ、力を誇示するように振る舞う。樹上ならば、鷹揚に枝から枝へ飛び移り、水平な枝の上で飛び跳ねたり、垂直な枝を両手両足でつかんで力まかせに揺すったりする。大きな、あるいは太い声で叫んだりうなったりすることもある。サルの種によってはオスだけが発声できる特殊な音声があり、決まって優位なオスが発する。オランウータンのロング・コールやマンガベイのフープ・ゴブルと呼ばれる音声がそうだ。オランウータンのオスには喉のところに音声を増幅できる袋が発達していて、遠くまで届く大きな声が出せるのである。

地上性のサルは手足を突っ張ってのっしのっしと歩く。ニホンザルはこの際、短い尾が立って背中につくほど反り返ることがある。尾の裏の毛が真っ白で、尾を上げるとそれが褐色の毛色の中にくっきりと浮かび上がってよく目立つ。地上では同じ目の高さで相手の動きが見えるので、姿勢や顔の表情が優劣の表明によく利用される。体を開いていたり、肩をいからせているのは優位なサルに特有で、この際肩の毛が逆立っていかつく見える。

ヒヒのオスは股を開いてすわり、ペニスを勃起させる。反対に劣位なサルは肩をすぼめてうずくまることが多い。こうした姿勢の表現は私たち人間でもなるほどとうなずけることが多い。前述したように、人間の男はペニスを大きく見せようとする傾向があるが、これは女に対して性的な魅力を誇示するというより、本来は他の男に対して優位性を誇示する狙いがあるのかもしれない。人間の社会でも背広の肩の部分にパッドが入っていて、肩を大きく見せる。背広は西洋のものだが、日本でも江戸時代に武士は裃を着て肩を張っていたものだ。「肩で風を切る」とはまさに優位な者があたりを圧して歩くことだ。こういった行動を見ると、人間も他の霊長類と共通な行動を無意識のうちに行っており、それがファッションにまで現れていることがよくわかる。

さて、顔の表情は私たち人間から見ると首をかしげるようなものが多い。ニホンザルやアヌビスヒヒなどで、強いサルが接近すると、弱そうなサルが歯をむき出して笑っているような表情を浮かべることがある。これを見て喜んでいると思ったら大間違いだ。喜ぶどころか、サルの顔は恐怖で引きつっているのである。歯茎を見せ、口を横に広げる表情はグリメイスと呼ばれ、相手に自分が敵意のないことを示すへつらいの表情である。いかにも人間の笑いに似ているので、つい私たちは間違えてしまうのだ。

アヌビスヒヒのグリメイス

しかし、よく考えてみると、私たちの笑いにもグリメイスとつながる表情がある。「愛想笑い」や「お追従笑い」がそれである。たしかに笑っているのだが表情がどことなくそっけなく、相手に媚びている感じがする。実はサルから継承された人間の笑いには二種類あって、遊びのときなどにげらげらと声を立てる笑いと、グリメイスに由来する微笑だとされている。微笑は挨拶の際によく現れ、自分が相手に敵意のないことを表明する役割を果たしているというのである。そういえば、人間の挨拶でも格下の人のほうがよく笑う傾向があるようだ。

ただ、グリメイスが劣位なサルだけに現れるのは厳格で安定した優劣の序列があるニホンザルやアヌビスヒヒなどの社会で、他のサルの社会ではこれによく似た表情を優位なサルも示すことがある。ベニガオザルやチベットモンキーはニホンザルに近縁なマカクの仲間だが、よくオスどうしが歯茎を見せて笑ったような表情を浮かべながら対面して抱き合う。これは挨拶行動の一種で、どちらが優位とも劣位とも言えない。ニホンザルのように両者でまったく異なる態度や表情を示すことによって優劣関係を確認するのとは対照的である。チンパンジーには歯をむき出す表情がいくつもあり、優位なオスが示すことも多々ある。互いの協力関係を確認したいとき、オスどうしが歯をむき出して甲高い声をあげながら抱き合うようだ。

チンパンジーには顔の表情の他にも劣位な態度を表す行動がたくさんある。優位なオスに近寄って顔を近づけ、口を開けてはっはっと小刻みに息を吐き出す行動がある。パント・グラントと呼ばれる音声で、一種の挨拶である。優位なオスがこれを受けて同じように口を開けて顔を近づければ一件落着。無視されれば劣位なオスやメスは何度もこの挨拶を試みるようだ。挨拶は劣位なほうからする傾向があり、優位な者はこれを無視することができる。互いの関係を態度に表して確認しなければ落ち着かないというのがチンパンジーの性格らしく、このあたりは人間にも似ているところがある。

視線のコミュニケーション

ゴリラやチンパンジーといった類人猿と、ニホンザルなどのサルたちとがもっとも異なるのは、視線を用いるコミュニケーションである。視線のコミュニケーションは地上生活をするサルでとくに発達している。樹上では林内が暗く、顔を正面から見据えられないので視線の効果があまり期待できない。そこで、樹上性のサルは顔にさまざまな色彩をつけて、それを縦や横に振ることによってコミュニケーションを行う。一方、地上性のサルでは顔の表情と視線が重要になる。マントヒヒやアヌビスヒヒはまぶたが白く、目をぱちぱちさせるとこの白い部分が露出して思わず目の部分に注意が集まる。

ニホンザルを間近で見られる野猿公園へ行くと、「サルの目を見ないで下さい」という看板が立てられていることがよくある。夢中になってサルを見つめていると、突然サルに吠えかかられたり、飛びかかられたりすることがあるからだ。実は、サルの世界では相手をじっと見つめるのは威嚇の意を表している。だから見つめていると、サルたちは威嚇されていると錯覚し、それが優位なオスなら闘いを挑発されたと勘違いして飛びかかってくるのだ。こちらが体の小さな子どもなら、なおさらサルたちの反撃を受けることが多くなる。

サルたちの間では、相手を見つめるのは優位なサルの特権で、劣位なサルは見つめられても見返してはいけない。視線を逸らして何食わぬ顔をするか、大仰にグリメイスをして自分に敵意がないことを示すのがサル社会のマナーである。ふつうはそうすれば、見つめた優位なサルはすぐ興味を失う。おそらく、見つめた優位なサルにとっては、周囲のサルが自分に敵意をもっていないということが了解できれば、それ以上他のサルに注意を向ける必要はないのであろう。

劣位者の「のぞき込み」

類人猿の社会でも、相手を見つめることが威嚇を表す場合がある。しかし、劣位者が常に目を逸らすことはなく、逆に相手をじっと見返すこともよくある。威嚇だけではなく、相手の意図を探ったり、共謀をたくらんだり、誘ったりという、さまざまな意味を視線が伝えていると思われるのだ。

ゴリラ３頭によるのぞき込み

人間でも、相手の顔を見るとき、両目と鼻を結ぶ三角形の内側によく視線が集まるという。この部分の微妙な変化が言葉にはならない心の動きを的確に伝えているのだろう。人間では目の表情があり、これによって人は相手の気分を推し量る。「目を四角にして」とか「目を丸くして」、「目くじらを立てて」、とかよく言われる。本当はそんなに目の形が変わるわけではない。しかし、微細な目の変化を敏感に察知して、人間は相手の内面を読もうとする。サルのように視線を避けていてはこれはできない。類人猿のように互いに顔を見合わす機会が多くなければ、視線や目の表情で何かを伝えることも読みとることもできないのである。

ただ、類人猿は人間と少し違った視線のコミュニケーションをする。それは相手に近づいて顔をのぞき込む行動である。威嚇のときとは逆に、劣位者が優位者に近づいてのぞき込むことが多い。どの類人猿でも遊びや交尾、ホモセクシュアルな交渉の誘いに用いられ、のぞき込まれるとつい誘いに乗ってしまうようだ。チンパンジーやボノボでは、食物分配を催促する行動としても現れる。劣位者が食物をもっている優位者に近づいて顔をのぞき込み、手を口のほうへ差しのばす。すると優位者はしぶしぶながら食物を取ることを許すのである。ゴリラでも食物を直接手で取ることは許さないが、のぞき込まれると今まで食べていた場所を譲ることがある。

この分配行動は、サルではめったに起こらない。食べるという行為は個体本位の行動だし、食物を占有する権利によって互いの優劣関係を確認しているのだから、分けてしまっては優劣関係が崩れてしまう。類人猿で分配が起こるのは、食物の占有が必ずしも優位者の権利になっておらず、食物を他者との社会的交流に利用しているからである。さらに、劣位者ののぞき込み行動が優位者に食物を占有し続けることを断念させる強いインパクトをもっているからだろうと思われる。

面白いことに、のぞき込み行動は劣位者の特権である。優位なゴリラやチンパンジーがのぞき込んでも無視されることが多い。優位者はのぞき込まれると劣位者の要求をのんでしまうのに、劣位者は優位者ののぞき込みを無視したりその要求を拒否する傾向が強いのである。こんなとき、優位者はその要求を無理強いしたり、腹いせに劣位者を攻撃したりはしない。劣位者も顔にグリメイスを浮かべることはないので、決して優位者を怖れてはいないと思われる。

さて、人間にも相手を近距離でのぞき込むことがある。母親は乳児や幼児を、恋人どうしは互いの顔をのぞき込む。これは、相手と一体化しようという行為であると思う。ここに言葉は介在しない。つまり、人間が言葉を手にする前に使っていたコミュニケーションの方法であり、類人猿と共通しているのではないかと考えられるのだ。

さらに、人間は少し距離を置いて向かい合うことが多い。会話をしたり、食事をしたりする時だ。しかし、よく考えてみると、このようなときに向かい合う必要はない。会話が声で情報を伝え合う行為であれば、後ろを向いていたっていいはずだし、食事が共に食物を分け合って食べる行為だとすれば、並んで座っていてもいい。なぜ、向かい合うことが好まれるのか。それは、人間の目に関係のあることがわかってきた。小林洋美さんと幸島司郎さん（ともに動物行動学者）は、霊長類の中で人間の目だけに白目があることを発見した。人間に近いチンパンジーやゴリラも、サルの目と同じように白目がないのだ。この白目の部分があることによって、対面していると相手の視線の方向や目の微細な動きを察知できる。それは相手の心の動きを表していて、人間の対話には言葉だけでなく、白目の動きによって相手の気持ちを推し量ることが必要なのである。しかも、この能力は親から教えられなくても、学校で習わなくても、すべての人間が自然に身に着ける。生まれながらにして持っている能力かもしれない。この能力を駆使した対話が重要なことは、入学試験や入社試験で面接があり、大事な商談をするときは相手と会うことが不可欠と思われていることからもわかる。おそらく、人間は類人猿に共通なのぞき込み行動から出発し、少し距離を置いて対面しながら相手の気持ちを推し量るコミュニケーションを発達させ、白目を進化させたに違いない。それは言葉より古い時代だったはずだ。言葉が登場したのは二〇万年前にアフリカにホモ・サピエンスが登場してからしばらくたった七万年前だと言われている。しかし、世界中の人間にこの白目があるので、人間がまだ広く分散する前に白目が発達したと考えられるからである。ひょっとしたら、この白目を用いて気持ちを読む能力は、言葉以上に重要なコミュニケーションなのかもしれない。

優劣に縛られない行動

厳格な優劣関係をもつニホンザルやヒヒでも、あまり優劣を表に出さない社会交渉がある。それは遊びと性交渉である。両方ともいくら優位な者でも行為を無理強いできないという特徴をもっている。ふだん劣位な子どもやメスでも優位なオスの誘いを簡単に拒否できるのだ。遊びは双方が積極的に関わらなければ成立しないし、長続きしない。そのため、サルの社会では遊びは子どもの特権である。サルたちは思春期に近づき互いの優劣をはっきり認知して行動するようになると、遊ぶことをやめてしまう。優劣をまだ認知していない幼児とはたまに遊ぶが、同年齢の仲間や大人とはもう遊ばない。互いの優劣関係をいったん白紙にもどして、遊びの中で別の関係を楽しむということがサルには不可能だからである。これができるのは類人猿と人間だけで、類人猿たちは思春期を過ぎても同年齢や年下の仲間と熱心に遊ぶことがある。彼らは遊びというルールの中でふだんの自分とは別の役割をつくり出し、それを演じる能力があるのだ。

交尾も遊びと同じように相手に強要できない。サルに強姦という手段はないのである。例外的にオランウータンのオスに交尾を強要する行動が見られるが、これはメスがオスよりはるかに体が小さく、単独で暮らしているためだろうと言われている。他の種では、オスはメスに交尾を拒否されれば、他のオスをそのメスに近づけないようにするしか方法はない。執拗にメスをつけ回すストーカーのようなオスもいるが、食物や他のサルのけんかに気をとられているすきにメスはまんまと逃げおおせてしまう。オスが力ずくでメスを意のままにすることは不可能なのである。

ただ、交尾は遊びと違って大人の世界の特権である。ふだん厳格な優劣関係にある者どうしが行う交渉なのだ。そのため、交尾の場合には優位なオスが発情メスに近づく際に相手をなだめようとする行動が見られる。ニホンザルのオスはリップ・スマッキングという口を小刻みにパクパクさせる行動をしてメスに近づく。ゴリラはクルクルクルというハイピッチな音声をシルバーバックが発するし、ボノボはペニスを立て上半身をゆっくり揺すってメスを誘う。また、いつもは毛づくろいを受けることが多かったオスが、発情メスには自分から熱心に毛づくろいをしたりする。どんなに優位なオスでも、メスに怖がられ逃げられてしまっては交尾ができない。そこでオスたちは発情メスに対してはことさら寛容に振る舞って、相手を怖れさせないようにするのである。

だが、性とは不思議なもので、こんなオスの意図や努力が効を奏するとは限らない。

オスがどんなにメスの関心を引こうとしてもメスが応ぜず、頼りなさそうな若オスや見知らぬ強面のオスについていってしまうことがよくある。逆に、メスが誘えば、ほとんどのオスは無視できない。たまにメスの誘いを拒否して、メスにつきまとわれているオスを見かけるが、それはメスがまだ若過ぎる場合に多い。成熟したメスに誘われれば、たいがいオスはメスに寄り添い、交尾をしようとするのである。

遊びや交尾という社会交渉が食物の分配と似ている特徴がここにある。どの交渉でもふだん劣位な者がそれを始める権利を握っているのである。優位なオスはそれを強要できないし、要求されればなかなか拒否できない。こういった優劣を明示的に反映しない交渉が増えることによって、体の大きさの違いはあまり目立たなくなる。

人間の社会はこれらの交渉を日常的にすることに成功し、優劣を常に意識しないで暮らす関係をつくり上げたと思われるのである。

仲直りの技法

サルの世界では互いの優劣は姿勢、表情、視線などの違いによって認知されるので、そのルールに反すれば拮抗する関係が生じる。優位なサルがその間違いを正さなければ、自分が相手より劣位になったことを認めることになる。闘いは一瞬でいい。むやみに長引かせるのは体力の浪費だし、自分が傷ついても相手が傷ついても得にはならない。優劣の認知は共存と協力のための協定で、今闘った相手が別の闘いで今度は自分に加勢してくれることもあるからだ。そのため、敵対的な関係を長引かせず、勝負がついたらできるだけ速やかに相手と和解することが肝要になる。

和解にはいろいろな方法がある。最も単純な方法は、闘いがあたかもなかったかのように振る舞うことである。集団生活をする霊長類は、仲間どうしでけんかが起こると、その後二分以内にけんかの当事者どうしや当事者と第三者との宥和的な接触がよく起こると言われている。こんなとき、毛づくろいがよく起こる。けんかの勝者も敗者もけんかによって生じた緊張を互いに、あるいは誰かと接触して癒そうとするのである。ニホンザルやアカゲザルの社会では、けんかの当事者どうしが直後に接触することはまれである。そのかわりに、当事者どうしがふたたび出会ったり、目を合わせたとき、どちらもけんかが起こる前と同じような態度をとる。敗者はおびえてグリメイスする場合があるが、勝者はことさらに勝ち誇ったような素振りを見せない。勝者にとってはけんかが起こる前のように自分の優位性が確認できればそれでいい。だから、けんかがなかったような態度をとることは優位者の特権であり、それ以上闘うつもりはないという仲直りの意を含んでいる。これは厳格な優劣社会における仲直りの仕方と言えよう。

これに対して、互いの優劣関係をあまり表面化せずに付き合うサルたちでは、当事者どうしの接触がよく起こる。ベニガオザルはけんかの直後に当事者どうしが歯をむき出して抱き合ったり、熱心に毛づくろいし合ったりする。オスどうしがペニスを握るなどホモセクシュアルな接触をすることもある。チベットモンキーやベニガオザルもオスどうしが抱き合うことが多いが、一風変わった宥和行動を示すことが知られている。オスが自分のお気に入りの幼児を抱いて他のオスへ近寄り、両者で同時に幼児を抱くのである。幼児の体が水平になって二頭のオスをちょうどブリッジのようにつなぐことから、この行動はブリッジングと呼ばれている。幼児は別にオスを怖れる様子もなく、このブリッジングに協力的だという。

優劣をあまり明示しない社会では、闘いで優劣が決まっても、優位者が闘う意を表明しないだけでは仲直りにはならない。劣位者もおおげさにへりくだっては見せないので、第三者には両者の関係が元通りになったことがよくわからない。そのため、けんかの当事者どうしが互いに接触し、宥和的な交渉をして互いも周囲も納得させねばならないのである。

サル社会のけんかには終わり方が二通りある。勝者をつくる終わり方と、勝者を否定する終わり方である。ニホンザルやアカゲザルなどの厳格な優劣社会では前者がよく見られる。それは同じ集団に共存する仲間が勝者を明示することを好むからである。これらの社会ではけんかが起こると、周囲で見ているサルは勝つほうに加勢する。メスや子どものけんかなら、どちらが優位か劣位かに関わりなく周囲のメスたちは自分と血縁関係にある当事者を加勢する。しかし、外から移入してきて血縁者を集団内にもたないオスどうしのけんかならば、周囲のサルたちは決まって優位なオスに加勢する。劣位なオスに加勢すれば、優位なオスも負けじと応戦してきて闘いは長引く。それよりは早く勝者を明確にして、闘いを終了させるほうが安全だ。サルたちは勝者に加勢することによって、群れの安定を保証する優劣の階層構造を維持しようとするのである。

こういう社会では、オスは優位者に攻撃されたら加勢してくれる仲間を期待できない。そのかわりに、攻撃されたオスは近くにいる自分より劣位なサルを攻撃する。そうすれば逃げると同時に攻撃する態度も示せるので、劣位な立場を表明せずにすむ。他のサルを追いかけているうちに自分も逃げおおせているから、優位者におびえる必要もない。一石二鳥である。また、こういう社会には仲裁者が限られている。勝者に加勢しても仲裁とは言えないから、勝者を制する権利をもつ者だけが仲裁者となれる。

これは群れの中で最も優位なオスだけである。優位な者の前で、他より優位に振る舞えばその権威を損なうことになるので、けんかの当事者より優位というだけでは仲裁できないのである。最優位のオスだけが自分の権威を示してけんかに介入できる。だから、最優位のオスはメスや子どもに引っ張りだこで、いつもけんかが起こるとかいがいしく仲裁にはせ参じる。最優位のオスにとって、できる限りけんかに介入して勝者をつくらないことが、自分の社会的地位を守る手段となるからである。

敗者びいきの類人猿

これに対してオスどうしが対等な立場で張り合っている社会は、なるべく勝者をつくらない方法でけんかを終わらせようとする。マントヒヒは単雄複雌の構成をもつ群れがいくつも集まり、バンドという大きな集団をつくって暮らしている。オスたちは顔を付き合わせる機会が多いが、互いに対等な関係にある。こういったオス間にけんかが起こると、他のオスたちが一斉にけんかに勝ちそうなオスを攻撃してやめさせる。この社会では階層構造ではなく、オスの対等な関係を守るために周囲が働きかけるのである。

類人猿のゴリラでも、けんかは勝者の否定で終わる。バンドをつくらないゴリラの社会では、群れどうしはめったに出会わない。しかし、父親と成長した息子、兄弟が同じ集団で暮らすことがあるし、オスばかりで集団をつくることもある。こうした集団でオスどうしのけんかがまれに見られることがある。何しろ二〇〇キロを超える巨体がぶつかり合うのだから壮絶だ。長大な犬歯で肩や脇腹をえぐられ、あたりの草が鮮血で染まるほどの衝突が起きる。だが驚いたことに、そのけんかにオスの体重の半分もない若いオスやメスが割って入ることがあるのだ。しかも、たいがいはけんかが起こりそうになると二頭のオスの間に体を割り込ませ、双方のオスの顔をのぞき込んでけんかを鎮めてしまう。

ニホンザルでこんな無謀な仲裁をしようとしたら、たちまちけんかの当事者たちから邪魔者扱いされ追い払われてしまうだろう。下手に介入すれば、当事者双方から攻撃されることになりかねない。若いオスやメスたちが平気でけんかに介入できるのは、当事者であるオスどうしにとってその介入がどちらに加勢するものでもないということがわかっているからだ。介入が勝者を決めるためではなく、けんかを終わらせることにあるからこそ、オスたちは唯々諾々とその仲裁を受け入れるのに違いない。

不思議なことに、オスたちが対等な関係を維持するゴリラでも、優劣関係を認知して共存するチンパンジーやボノボでも、類人猿のけんかへの介入は勝者を制止するかたちで行われることが多い。それは彼らの関係が単純な優劣の階層構造ではないからだ。勝者が決まれば、芋づる式に他の関係が決まるというようなものではない。チンパンジーやボノボの優劣関係は二者間の力関係だけではなく、第三者、第四者との同盟関係によって決まる。

だから、二頭のけんかは当事者だけでなく他の社会関係を破綻させる危険をはらんでいる。小さなトラブルが群れ全体に波及することにもなりかねないのだ。そのため、チンパンジーやボノボはけんかそのものを止めようとすることが多い。ゴリラと同じように、大きなオスどうしのけんかにメスが割り込んで双方を止めたという例もある。おそらく、オスどうしも自分では闘争を避けることができなくなり、誰か第三者が止めてくれるのを期待する気持ちがあるに違いない。けんかが群れ全体へ広がることへの周囲の危機感と、誰かに自分を止めてもらいたいというオスの気持ちが合致して、この道徳的ともいえる仲裁が成立するのだろう。

メスが介入する理由

霊長類のメスは自分が頼るオスを選ぼうとするとき、意図的にせよ結果的にせよ、オスたちを闘わせてしまうことがある。とくに発情しているときはこの傾向が著しい。

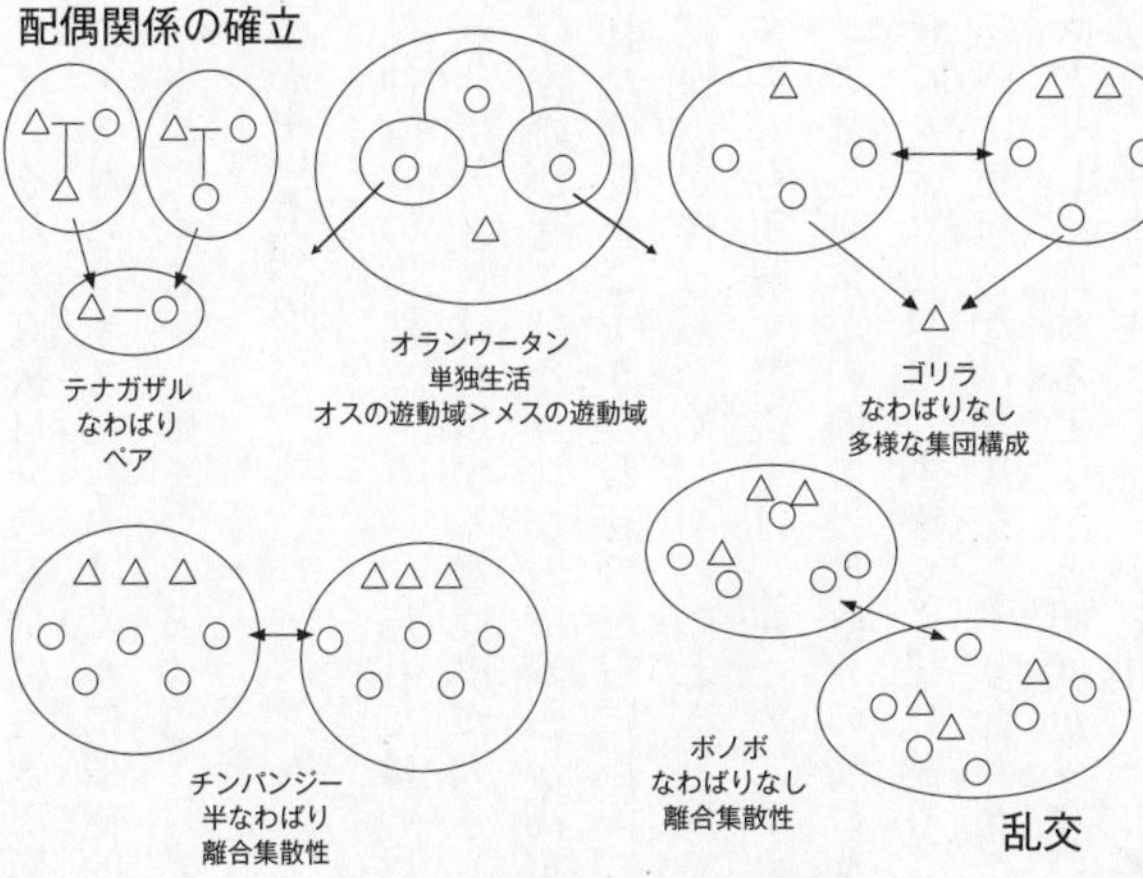

類人猿の社会構造と個体の移動

発情したメスへの接近権をめぐってオスどうしが競合関係にあれば、闘争という状態を招くのはいたしかたがないことだ。売られたけんかを買わなければ、いつまでたっても堂々とメスに接近することはできない。

起こってしまえば、この闘争はオスどうしで決着をつけるしかない。ほとんどの種でオスはメスより強大な力をもっているし、劣位者はけんかに介入することが許されないからだ。しかし、類人猿ではメスがけんかに介入して仲裁することがある。生まれ育った集団を離れて血縁関係にない仲間と暮らす類人猿のメスたちにとって、オスは頼れる保護者として重要である。オスたちの間で不和が起これば、それが直接自分の安全に大きな影響を及ぼす可能性がある。そのため、類人猿のメスたちはオスたちのけんかに積極的に介入するのだろう。類人猿の社会ではけんかを起こすきっかけをつくるのも、けんかを止めるのもメスということがあるのだ。

性を用いる和解

仲直りの方法でもう一つ忘れてはいけないものがある。それは性を用いる和解法だ。ボノボのメスは発情すると性皮が大きくピンク色に腫れる。けんかが起こった直後やけんかが起こりそうになって緊張が高まったとき、メスは対面して抱き合い、この腫れた性皮をこすり合わせて左右に振る。この行動はホカホカと呼ばれ、性皮をこすれば快感が伴うらしく、交尾のときと同じような表情を浮かべる。性皮が腫れていないメスでも和解や緊張をほぐすためにホカホカをすることがある。

メスとオスとの間では仲直りの際に交尾が行われる。メスは仰向けになって腫れた性皮をオスに見せ、あからさまに誘うことがある。オスどうしでも対面して抱き合い、互いに勃起したペニスをこすり合わせたり、互いに後ろを向いて尻をつけ合うが、メスどうしに比べるとずっと頻度が少ない。どうやらボノボではメスのほうが同性に対しても異性に対しても、性を用いた和解行動に積極的だと考えられる。

ここで注意しなくてはならないのは、人間はこのような性を用いた和解行動をあまり発達させてこなかったことだ。人間でもけんかの後で仲直りをする際、肩を抱いたり、握手をしたり背中を叩いたりというように体の接触が増える。しかし、すでに恋人や夫婦である男女はともかくとして、異性とも同性とも性的な交渉を仲直りに用いることはない。むしろ、仲直りの際には性的な雰囲気をなるべくつくらないようにする傾向があるとさえ言える。これは後で詳述するように、人間が性を公の交渉として発達させず、特定の個人間での秘め事として隠してきた歴史を反映している。仲直りが第三者に見せる社会交渉であるとすれば、人間の性交渉はその目的にそぐわなくなったのである。

かわりに、人間は霊長類とは比べものにならないくらい多様な仲直りの方法を発達させた。人間社会にはサルたちのように勝者を明示的につくってけんかを終わらす方法もあるし、勝者を否定する方法もある。仲裁者となるべき第三者がいるところでけんかが起こることが多い、と言えるかもしれない。けんかに介入する人も、仲裁の仕方も千差万別だ。

しかし、人間には闘争そのものがなかったようなふりをすることができるし、けんかの矛先を変えて闘争を終了させることだってできる。それには言葉が大きな役割を果たしている。まず人間は弁解や言い逃れができるので、闘争そのものを抑止することができる。さらに闘争そのものを言葉によって鎮め、闘争の意味を評価することができる。闘争に至った経緯を反省し、相手の行為を誉め称えて闘争が相手にも自分にも有益だったことを提案することができる。闘争で負った痛手も利益も同等ならば、両者は対等に別れることができるからだ。また、勝者が得をしたとしても、仲直りが成功すれば敗者はそれを負い目として勝者に押しつけ、後に勝者の協力を得ることだってできる。その結果を予測して、わざとけんかを売ることだってあるだろう。

なぜサルにも類人猿にも人間にも日常的に大小のけんかがあり、それを鎮める努力が払われているのだろう。それは、けんかが互いの軋轢《あつれき》を表面化させ、仲直りすることによって協力関係が再確認され強化されるからだ。集団生活をする者は自己主張をしなければ自分の欲望を充分に満たせないし、抑制しなければ仲間の協力は得られない。けんかと仲直りはそのバランスを他者との間で図るために必要なものなのである。

第五章 父親の由来

父親のように見えるオスたち

つい最近まで、人間の男たちは一生のうちのある期間、父親の役割を引き受けることは当然のこととして暮らしてきた。生物学的に自分の子どもであるかどうかは別として、どの男も特定の幼児の養育に関して責任をもち、その子が成長して進路を決める際や結婚する際に大きな影響を及ぼすような地位を与えられてきた。しかも、多くの社会や文化には、子どもが成人した後も父親との密接な関係を保つような仕組みが備わっている。

しかし、広く生物界を見渡してみると、父親というのは決して普遍的な存在ではない。昆虫の繁殖ではオスが必要なのは交尾までで、カマキリのように交尾が終わればメスに食べられてしまうこともある。魚でもオスは卵に精子をかけるだけで、子育てに参加することはまれである。卵生の両生類や爬虫類もオスと子どものつながりは希薄だ。鳥類になると、卵をオスが温めたり、つがいで子どもを育てたりすることがある。しかし、繁殖期が過ぎればつがいやなわばりは解消されて親子の縁も切れてしまうことが多いし、子どもが巣立てば親との関係もなくなる。

人間に近い霊長類でも、オスが特定の子どもと密接な関係をもつのは極めてまれな現象である。人間に最も近縁なチンパンジーでさえ、オスは父親のような役割を果たしてはいない。人間以外の動物にとって、子どもが育つためにオスは必ずしも必要ではない。父親というのは生物学的には余分なものなのだ。いったいなぜ、人間の社会には子どもと密接な関わりをもつような男が必要になったのだろうか。その秘密を霊長類のオスと子どもの関係を見ながら探ってみようと思う。

ウィッテン（イェール大学で霊長類の親子関係を調べた）は、オスと幼児が親密な関係をもつ霊長類の種を、交渉の種類と関わりをもつ時間の長さによって三種類に分けた。一つ目は母親に負けないくらい熱心に幼児と関わりをもち、子育てに励むオスたちのいる種で、ティティ、タマリン、マーモセットという中南米に生息する小型のサル、ニホンザルの仲間でスペイン南部やモロッコの森林にすむバーバリマカク、それにアジアの熱帯林にすむテナガザルたちである。次に、特定の幼児と親密な交渉を結ぶが、子育てというよりは遊び相手や危険から子どもを守る役割をするオスで、ゴリラや人間がこれに当たる。三番目が幼児に対してオスは高い許容力を示すが、あまり積極的に関わりを持たないオスで、サバンナヒヒ、ニホンザルなどのマカク類、そして人間に近縁なチンパンジーやボノボがこれに分類される。

残りの大多数の霊長類は、オスが幼児に特別な関心を示さない。むろん、集団で暮らしている霊長類ではオスが集団の防衛をすることが多く、幼児たちはオスたちによって保護されているといえる。とくに、幼児たちが捕食者などの危険にさらされたときには、オスたちが真っ先に飛び出していって敵に立ち向かう。しかし、オスたちは特定の子どもたちの安全に気を配っているのではなく、これは子育てにつながる行動とはいえない。

興味深いのは、人間の男たちが霊長類の中で最も熱心に子育てをするわけではなく、二番目の比較的消極的な子育てに分類されていることだ。幼児との関わり方やその持続時間から見れば、人間よりもっと熱心なオスをもつ霊長類がいるのである。

子だくさんとヘルパー

タマリンやマーモセットのオスたちは母親顔負けの子育てをする。生まれた直後から赤ん坊を抱き上げ、血だらけの体をていねいになめてきれいにしてやり、大事に抱えて運ぶ。さすがにお乳をやるわけにいかないので、日に数回は母親に渡して授乳させるが、それ以外の時間はほとんどオスが赤ん坊を抱いていることもまれではない。おかげで、母親はお産で弱った体をゆっくり休め、身軽な体で食物を探すことができる。なぜ彼らの社会には、こんな甲斐甲斐しいオスがいるのだろうか。

それは実は、これらの小型のサルたちが大きな赤ん坊をたくさん産むことにある。霊長類はどの種もだいたい一産一子だが、タマリンやマーモセットは例外的に双子や三つ子を産む。しかも、赤ん坊の体重は重く、母親の一割以上ある。こんな大きな赤ん坊を二頭も三頭も抱えては母親に大きな負担がかかる。しかも、これらのサルたちは常に樹上で生活していて、外敵に狙われないように枝から枝へすばしこく飛び回らねばならない。また、主食は昆虫だから、すばやく動けなければ餌となる昆虫を捕まえることができない。そのため、母親の負担をなるべく減らすためにオスが協力することが不可欠になったのだ。つまり、成長した赤ん坊をたくさん一度に産んで育てるために、オスの子育てが進化したと考えられる。これらの種では、父親という存在は多産の必要条件なのだ。

タマリンやマーモセットは、メス一頭と複数のオスからなる単雌複雄の構成をもった集団をつくることがある。他の霊長類ではめったに見られない構成だ。これも子育てに多くの手がいるためである。子育てに参加するのもオスとは限らず、年上の姉や兄が赤ん坊を抱いて運ぶことがしばしばある。赤ん坊が少し大きくなると、こういったヘルパーたちは背中に赤ん坊を乗せて得意げに走り回る。外見上、オスとメスは区別できないほどよく似ているので、思わず母親が子育てをしていると思ってしまうが、実はこれはオスたちなのである。

複数のオスがいる場合は、子育てをしているオスが赤ん坊と血のつながりがあるとは限らないが、熱心さに変わりはない。それは、子育てをすることがオスにとってメスにアピールすることになるからだ。子育てをすることによってメスに認められ、次にメスが発情したときに交尾をして自分の子どもを残す可能性が高まるからだと考えられている。つまり、オスの子育ては赤ん坊の生存価を高める目的だけではなく、その母親や周囲のメスとの繁殖可能性を増すための行動だというわけである。

たしかに、オスの子育ては長く続くわけではない。赤ん坊がお乳以外の物を口に含むようになると、オスは虫を捕っては子どもに口移しで分け与えるようになる。しかし、子どもがひとりで昆虫を捕らえられるようになると、しだいにオスは子どもから離れ、ついにはまったく疎遠になってしまう。子育てがもし母親やメスに対するアピールならば、離乳した子どもの世話を焼く意味は薄い。母親が気にかけなくなった子どもと親密になっても、母親はそのオスにあまり注意を払ってはくれないからである。また、オスたちは別の集団へ移ってしまうことがあり、そうなると子育てをしたオスと子どもの関係はまったく切れてしまう。

こうしたことを見てくると、タマリンやマーモセットのオスたちはいくら熱心に子育てをしていても、父親というには少し無理があるようだ。人間のように子どもと直接親密な関係を結び、子どもの成長過程を通じて、さらに成人してからも多大な影響を及ぼし続ける父親とはずいぶん異なっているからである。

テナガザルの子育て

テナガザルは現在七種ほどが知られている。完全な樹上性で、タイ、マレーシア、インドネシアなど東南アジアの熱帯雨林で、木から木へ腕わたりをして暮らしている。あまりにも腕が長いので四足歩行ができず、地上では腕を上にかかげて二足で走る。どの種もオス、メス一頭ずつからなるペアで、なわばりをつくって暮らしている。夜が明けると、これらのペアがテリトリー・ソングを合唱するので、森はにわかに騒々しくなる。自分たちのなわばりが他のテナガザルに侵されると、オスとメスが力をあわせて侵入者を追い払う。

こうしたペアに赤ん坊が生まれると、オスもすぐには関心を示さないが、やがてメスに代わって赤ん坊を抱くようになる。しかし、テナガザルのオスはタマリンやマーモセットのオスほど熱心に世話を焼くわけではない。また、種によってはあまり子育てをしないオスもいる。一産一子で、赤ん坊も母親の体重の一割に満たない。母親にとって、オスの協力が不可欠なほど子育てが負担になるわけではないだろう。

ではなぜ、テナガザルには乳児に積極的に関わるオスがいるのか。それは、ペアで協力してなわばりを維持するという生活から生まれてきたことに理由がある。夜行性の原猿類にもペアで暮らす種があるが、彼らは巣の中で子育てをする。赤ん坊を巣に残して採食できるので、子育ては母親にそれほど大きな負担ではない。昼行性の真猿類では巣が消失し、母親が常に乳児を抱いて移動生活を送るようになる。しかし、集団生活をする種では血縁関係のあるメスどうしが協力して子育てをするので、オスが関与する余地はあまりない。例外的にテナガザルではペアで生活するために、他のメスから協力を期待できない。

さらに、テナガザルは真猿類の中でも大型類人猿についで養育期間が長い。そのため、母親にかかる負担が大きく、いっしょにいるオスが協力して子育てをする必要性が高い。また、テナガザルはオスとメスの体重や外見上の特徴にほとんど差がなく、オスとメスが何でも等分に力を出して協力する傾向がある。子育てについても、オスが参入することでペアの協力体制が強化されるのだろうと思われる。つまり、オスの子育てはなわばりを守り、ペア生活を維持する上で必要な行動なのだ。

テナガザルのオスの子育ては、世話というより赤ん坊や幼児の遊び相手といった感じが強い。そのかわり、オスと子どもの親和的な関係は子どもが思春期を迎えるまで続く。出産間隔が三年と長いので、子どもたちには同年齢のきょうだいがいないし、遊び相手が不足しがちである。オスが遊び相手になることで、子どもたちはだんだん自分の力を試すようになり、思春期へ向かって旅立ちの準備を整えるのである。

ペア生活を維持するためには、成長した子どもたちといつまでもいっしょに暮らすことはできない。息子も娘も親との間に反発関係を強めて、親元を離れるべく宿命付けられている。以前はこれが、子どもと同性の親が競合するようになるからだと考えられていた。大きくなった子どもと異性をめぐって争うようになり、まだ力で劣る子どもが親に追い出されるというわけである。

子どもの自立を助けるテナガザルの親

ところが、近年の調査で親たちは決して子どもたちを煙たがって追い出すのではないことがわかってきた。子どもたちはオスでもメスでも親元を離れたら、自分でなわばりをつくってテリトリー・ソングを鳴き、パートナーを探さねばならない。まだ未熟な若者にとって、なわばりがひしめき合う場所で自分のなわばりを確保するのは至難の業だ。そんなとき、子どもたちのなわばりづくりに親が協力するというのである。

クロステナガザルやフクロテナガザルでは、親元を離れようとした若いオスやメスに父親や母親が同伴していっしょにテリトリー・ソングを鳴き、新しくなわばりを広げることが知られている。両親が近くになわばりを拡張して息子をそこへ導き、他のオスたちを追い散らした後、息子を置いて立ち去った例もあるし、親のなわばりのすぐ近くになわばりをつくった娘がパートナーを得るまで両親が協力した例もある。やがて、子どもたちがパートナーを見つけてペアでなわばりを防衛するようになると、親たちは協力するのをやめる。何と子ども思いの親たちではないか。

テナガザル

このように、テナガザルのオスの子育てはあまり積極的ではないとはいえ、メスと等分に力をさいて子どもと接し、子どもが親元を離れるまで面倒を見続けるという点で、われわれ人間社会の父親に近い。ただ、このようなオスと子どもの関わりは、ペアがなわばりを構えて他のペアと反発的な関係を維持する結果として必然的にできるものであろう。ペアの独立性が保証されなければ、このような関係もまた生まれない。

人間社会のように、家族がいくつも寄り集まって子育てをする中で現れる父親とは、おそらく性格が異なると考えられる。人間社会では、ペアとなわばりは父親の必要条件ではないからである。

子どもは新参者のパスポート

さて、人間の父親の由来について考える前に、ちょっと変わったオスと子どもの関係を紹介しよう。バーバリマカクのオスは、タマリンやマーモセットのオスに負けないくらい熱心に子育てをする。しかし、それはどうも子どもの養育に関わろうとしているわけでも、繁殖のチャンスを増やすために母親やメスたちにアピールしているわけでもない。乳児や幼児は、集団に新しく加わったオスの安全を保障するパスポートのような役割を果たしているらしいのである。

バーバリマカクは、複数のオスとメスからなる複雄複雌群をつくって暮らしている。オスたちは互いに優劣の関係をもって共存しており、優位なオスたちが優先的にメスと交尾をするので、劣位なオスや若いオスはなかなか交尾をする機会がない。そのため、生まれる赤ん坊はだいたい優位なオスたちの子どもだろうと考えられている。しかし、子育てに熱心なのは父親の可能性が高い優位なオスではなく、赤ん坊と血縁関係がないと思われる劣位なオスや若いオスたちなのである。

バーバリマカクの社会では、オスだけが集団間を移動する。生まれ育った集団で若いオスはまだ成熟オスたちからまともに相手にしてもらえない。集団を離脱して他の集団へ移れば、まずは成熟オスの中で最も劣位なオスとして振る舞っていかねばならない。そのため、新参者たちはいつも他の仲間に気を配って暮らしている。食物を食べているところに優位なオスがくれば、場所を譲らねばならないし、自分より力の弱そうなメスでも悲鳴を上げられたら優位なオスが助太刀にくる。なるべく目立たないように、自分に敵意がないことを常に表明しながら集団生活を送らねばならない。

ところが、こうした劣位なオスが赤ん坊を抱いていると、がぜん事情が変わってくる。このオスを攻撃すれば、母親や周囲のサルたちは赤ん坊を攻撃したと勘違いをしてオスをかばおうとする。たとえ勘違いをしなくても、赤ん坊が驚いて泣き叫べば、母親がすっ飛んできて大騒ぎになる。赤ん坊を脅さずにオスをいさめることは至難のわざなのだ。乳児や幼児を抱いていれば、劣位なオスであっても周囲から一目置かれる存在になれる。優位なオスの前でも、萎縮する必要がなくなり、ときには自分が優位な立場になれる可能性さえ出てくるのである。

バーバリマカクでは、劣位なオスや若いオスばかりでなく、優位なオスも熱心に子どもを抱き上げて運ぶことがある。どうやら、乳児を抱くことがオスのステータス・シンボルのようになることがあるらしい。おそらく、オスが集団内で優位な立場を維持するためにはメスの協力が必要であり、乳児との密接な関係を築くことがその母親やメスから支持を受ける条件になっているのかもしれない。

また、前にも書いたが、バーバリマカクに近縁なチベットモンキーやベニガオザルのオスは、オスどうしで赤ん坊を同時に抱く行動が知られている。ちょうど赤ん坊が二頭のオスを橋のようにつなぐのでブリッジングと呼ばれている。あいさつや社会的な緊張を減じる効果があるらしい。これらの種では、赤ん坊がオスどうしの名刺代わりに用いられているようだ。

ただ、これらのオスの子育ては赤ん坊が乳離れをすると急速に減少する。子育てが幼児の成長を助けることではなく、他のオスやメスからの攻撃を防いでわが身を守ることにあるならば、この変化は当然のことと言える。子どもをパスポート代わりに利用するのは、父性につながる行動とはいえないだろう。

孤児に尽くすオスたち

こういったオスの子育ては、バーバリマカクほど熱心なものではないが、ヒヒやマカクの仲間に広く見られる。やはり、集団に加入したばかりの劣位なオスや、優位な地位から転落して肩身の狭い立場で暮らす老年オスによく見られる行動のようだ。子どもとまず仲良くなるのは、霊長類のオスが新しい集団に加わった際に見せる常套手段らしい。

ニホンザルでは、高崎山のサルでオスの子育て行動が知られている。ここのサルの集団は一九五〇年代の初めから餌付けされ、どんどん個体数を増加させたのだが、餌付け前から一〇〇頭を超える大きな集団だった。ここのサルを調査した伊谷純一郎（霊長類学・人類学者）は、オスたちが厳格な優劣順位をつくって共存しており、比較的劣位なオスが乳離れしたばかりの幼児を抱いて世話を焼くことを報告している。

餌付け群では栄養状態がよくなってメスが頻繁に子どもを産むようになる。すると、まだ幼いのに母親が次の子を出産して、離乳させられてしまう子どもが出てくる。オスの子育てはこういう母親に拒絶された幼児に集中する。とくにメスの幼児とオスが仲良くなるらしい。オスたちはそれぞれ特定の幼児を選んで世話をするが、両者の間に血縁関係はないことが多い。オスの世話は離乳したての幼児の生存価を高めていると考えられるが、幼児が成長するとオスはあまり関わりをもたなくなるので、ニホンザルの場合もパスポートの役割が強いと考えられる。伊谷は地域によってオスの子育て行動が盛んなところとまったく見られないところがあることから、父性行動はニホンザルの行動文化と見なせるのではないかと指摘している。

不思議なことに、ふだん父性行動を示さないオスたちが、ある条件の下では熱心に幼児の世話をすることがある。子どもが幼くして母親を失った場合である。しかも、こうした孤児たちに献身的に尽くすのは近親のメスではなく、血縁関係のない優位なオスたちであることが多い。千葉県の高宕山ではかつて畑荒らしをしたサルたちを一斉捕獲したことがあった。その結果、母親を失った孤児たちがたくさん残された。これら四歳以下の孤児たちを熱心に世話したのは高順位のオスたちだった。オスたちは孤児たちを長時間毛づくろい、背や腰に乗せて運び、母親顔負けの世話をした。この行動を観察した長谷川眞理子（動物行動学・行動生態学者）によると、オスの中にはとくに子どもに好かれるものがいて、このオスのまわりには常に子どもたちが群らがっていたそうだ。

アヌビスヒヒのオスの子育て

ニホンザルのオスたちの父性行動は、メスにアピールすることを主たる目的とした行動であるにせよ、子どもが危機に瀕したときにはその子どもの生存を助けるように働くことがあるのだ。おそらく、乳児や幼児の世話を焼く行動は、霊長類にはメスばかりでなくオスにも潜在的にあり、それが機会を得れば発現するような性質をもっているのだろう。その行為が実際に子どもの成長を助ける目的で発現するか、それ以外の目的で行われるのかは、その種の社会が歩んできた歴史を反映している。ただ、オスにとって仲のよい幼児の存在は時として自分の保身につながることが多いとは言えそうである。

父親の自覚はどうしてできるか

これらのオスたちが示す「父親のような行動」と比べてみると、人間の父親は決して熱心に乳児や幼児と関わるわけではない。母親の手から乳児を奪ってまで甲斐甲斐しく世話を焼くタマリン、マーモセット、バーバリマカクのオスたちを見ると、人間の男たちは何と消極的なのだろうと思ってしまう。

人間の男も母親が子どもにする行動のうち、授乳以外はたいていこなすことができる。現代の欧米や日本では、赤ん坊を抱いて上手に哺乳瓶でお乳を飲ませたり、あやしたりできる父親もまれではない。風呂に入れるのは父親がやることが多いし、おしめだって替えられる。母親より父親になつく子どもも珍しくないのである。

しかし、一般的な慣習ではどの社会でも、父親が母親以上に子育てに従事することが望ましいとは見なされていない。ウェストとコナーは世界の八〇の文化で父親の行動を比較し、わずか四パーセントの文化にしか父親と赤ん坊の親密な交渉に特徴付けられた社会は認められなかったと報告している。二〇パーセントの文化では父親がほとんど赤ん坊の近くに寄らず、残りの文化でもまれに接触するだけだった。また、現代の工業社会では父親と赤ん坊が交渉をもつのは一週間に平均して四五分にすぎないという報告もある。これは工業社会において、男が外で仕事に従事することが多いためである。だが、男があまり仕事をせずに一日中ぶらぶらしていることが多い狩猟採集社会でも、父親が幼児や赤ん坊といっしょに過ごす時間は極めて少ない。しかも、男と赤ん坊の交渉は子育てというより遊びに近いものらしい。

なぜこんな消極的なつきあいの中から、父親というべき確固たる役割を人間はつくり上げることができたのか。それは、人間に父親のような振る舞いをする遺伝子があるのではなく、社会が男に父親としての自覚を要請するからである。男は自然に父親になるのではなく、周囲の働きかけによって父親にさせられるのだ。言い換えれば、父親という存在を明示的にすることが人間に共通な社会の特徴だといっても過言ではないだろう。

実は、人間の男が父親を自覚していく過程は、ゴリラのオスが子どもたちの保護者になっていく様子とよく似ている。ここではゴリラを例にして、どのように父親がつくられるかを見てみよう。

ゴリラのオスはふつう一頭で複数のメスと集団をつくる。外からオスが集団に加入してくることはないので、この核オスはメスと独占的に交尾する。したがって、生まれる赤ん坊はすべてこのオスの血を引いていると考えられる。核オスは集団の中で最も体が大きく、誰にも邪魔されずに赤ん坊に近づけるはずだが、一歳未満の新生児にはほとんど関心を示さない。

ゴリラの赤ん坊は二キログラム弱の小さな体で生まれてくる。とても甘えん坊で、三年間は母親の乳をせがむ。出生後の一年間は、母親がめったに赤ん坊を離さない。いつも腕の中に入れて保護し、赤ん坊がよちよちと歩き始めると頻繁に足をつかんで引き戻そうとする。年上の子どもや他のメスが赤ん坊に興味を示しても、なかなか触らせてくれない。この点、生まれた直後から母親と離され、さまざまな人の腕に抱かれることになる人間の赤ん坊とは大違いである。

父親の仲裁能力

しかし、赤ん坊が一歳を過ぎてだんだんお乳以外のものを口に含むようになると、母親は面白い行動に出る。積極的に核オスのそばに赤ん坊を連れて行き、しばらくすると赤ん坊を置いてそうっとその場を離れるのだ。置き去りにされた赤ん坊は、最初は不安そうにあたりを見回して母親の姿を探す。だがやがて、核オスのそばで遊んでいる年上の子どもたちに興味を示し、いっしょに遊ぶようになる。オスはこの赤ん坊に優しく接するが、積極的に関わろうとはしない。むしろ自分を抑えて、赤ん坊が気ままに自分の顔や腕や背中に触るままに任せているようだ。ただ、子どもたちが荒っぽいレスリングや追いかけっこを始めて、赤ん坊が悲鳴をあげると、すかさず太い声を発して子どもたちを止める。間に割り込んで、けんかを引き起こした張本人をひっぱたいてとがめることもある。

核オスの仲裁は実に効果的で、子どもたちはぴたりとけんかをやめる。どんなときでも、オスは攻撃された子どもか、年下の子どもを保護する。決して特定の子どもに加勢したりはしない。こういった平等な仲裁は母親にはできない。母親はどうしても自分の子どもに加勢してしまうので、子どもどうしのけんかは双方の母親を巻き込んで大騒ぎを引き起こす。オスにとってはすべて自分の子どもなので、えこひいきをする理由はない。子どもたちもオスの介入がどちらかに味方をするのではなく、ただけんかを止めることが目的であることを知っているからこそ、素直にけんかを止めるのだろう。

やがて、赤ん坊は核オスのもとに居残ることを好むようになり、母親が採食に出かけると自分から核オスのそばにやってくるようになる。しだいに核オスの後をついて回るようになり、子どもがたくさん生まれるとオスはまるで保育士のように、ぞろぞろ子どもたちを引き連れて歩くようになる。ゴリラは他の類人猿と同じように毎晩ベッドをつくって寝る習性をもっているが、授乳中の赤ん坊は母親のベッドで眠る。しかし、三歳を過ぎて離乳した子どもは、だんだん母親のベッドから離れて核オスのベッドで眠るようになる。そして、五歳近くなると自分のベッドをオスのベッドの近くにつくるようになる。それが幼年期の終わりを告げる。ゴリラにとってひとりで眠ることが自立の証なのだ。

ゴリラのオスの子育て

母親と子どもによって作られる「父親」

　このように、ゴリラの子どもたちは母親から父親へと依存の対象を移して成長する。それはオスの積極的な働きかけによるのではない。まず母親が赤ん坊をオスに紹介し、赤ん坊が徐々にオスに馴れ、自分からオスを頼るようになって初めてオスと幼児の親密な関係が生まれるのである。ゴリラのオスは自覚だけで父親になれるわけではない。母親と子どもから二重の選択を経て、やっと父親たる行動を示せるようになるのである。

　ゴリラと人間が似ているところは、父親の自覚が積極的な子育てへの参加ではなく、母親が赤ん坊を紹介することで引き起こされることだ。タマリンやマーモセットのようにメスへのアピールとして子育てをするわけでも、ヒヒやマカクのように自分の保身のために赤ん坊を利用するわけでもない。また、テナガザルのオスのように、母親と自分以外に子育てをする仲間がいないわけではない。ゴリラのメスは、父親以外に子育てに協力してくれる仲間をいくらでも見つけることができる。動物園では母親以外のメスが子育てをした例がいくつもある。しかし、にもかかわらず、ゴリラのメスは特定のオスに子どもを託す。母親を通じて子どもから特別な保護者として選ばれることが、オスに父親としての自覚を促すのである。

もうひとつ、ゴリラと人間の父親が似ているところがある。それは父親と赤ん坊の交渉が遊びのようなものであるということだ。遊びは人間を特徴付ける行動のひとつだが、決して他人に強制できないという特徴をもっている。しかも、遊びをエスカレートさせ持続させるためには力を同調させなければならない。そのため、力の強いものの、体の大きいものが力を抑制して相手に合わせることになり、おとなと子どもの遊びでは子どもがイニシアチブを握ることになる。父親と赤ん坊に遊びが多いのは、ゴリラでも人間でも子どものほうが積極的に交渉をもとうとしていることを示している。ゴリラの父親も人間の父親も子どもに選ばれたとき、親密な交渉を長くもつのである。

ゴリラのオスの、おとなどうしの遊び

むろん、人間の社会では母親が赤ん坊を紹介するだけで男に父親の自覚が生まれるわけではない。周囲が繰り返し子どもをその男に関係づけ、男は父親の役割を上の世代から学んでやっとふさわしい振る舞いができるようになる。人間の父親は慣習や伝統によって支えられていなくてはならない脆弱なものであり、それゆえに人間の文化を特徴づける存在と言えるのである。

交尾ができない相手がいる

なぜ、特定のオスが幼児と親密な関係をもつような社会が霊長類に生まれたのか。実はこのような関係が子どもの思春期に意外な働きをすることがわかってきた。

昔から、サルのオスは成長して性成熟に達しても母親とは交尾をしないことが知られていた。この現象は徳田喜三郎（霊長類学者）によって京都市動物園で発見されたが、その後次々に餌付けされている各地の野生のニホンザルでも交尾が回避されていることが報告されるようになった。また、長年にわたって個体の血縁関係が調べられている嵐山では、母系的な三親等（叔母と甥）以内の近親者間にはめったに交尾が起こらないことが判明した。他のサルや類人猿でも、母親と息子ばかりでなく、母親を同じくする兄弟姉妹間では交尾が回避されていることが報告されるようになった。

そのうち、さまざまな動物で近親間の交尾回避が発現することが確かめられ、両生類、鳥類、げっ歯類では形、声、臭いをてがかりにして近親者を識別していることがわかってきた。これらの動物は生まれ落ちた後すぐに母親と引き離されても、ちゃんと血縁の近い仲間を識別できる能力が遺伝的に組み込まれている。例えば、ウズラは羽毛の似ている仲間を近親者として識別している。このように、自分と形質が似ている個体を認知する能力が、近親者との交尾回避に役立っていると考えられる。

ところが、霊長類ではどうやらこの認知能力が欠落していることがわかってきた。血液からDNAを採取してその組成を比較するフィンガー・プリント法により、ニホンザルやバーバリマカクの子どもとオスとの父子判定をしてみると、血縁関係にある父と娘、父親を同じくする兄弟姉妹間で子どもが生まれていたのである。もちろん両者には交尾もまったくふつうに観察されている。

しかも、逆に血縁関係にないオスとメスの間に交尾が回避されていることが判明した。前述したように、バーバリマカクではオスが特定の乳児や幼児を熱心に世話する。こうして世話を受けたメスの幼児は、性成熟に達して交尾を始めても、世話をしたオスとは交尾をしなかったのである。両者の間にはふつう血縁関係がないから、遺伝的な認知能力は作動しないはずである。このような例はニホンザル、アカゲザル、サバンナヒヒでも見られている。バーバリマカクと同じように、オスが生まれたばかりの赤ん坊の世話を熱心にするタマリンやマーモセットでも、オスと世話を受けた幼児の間に交尾は起こらない。

嵐山で餌付けされているニホンザルでは、撒かれる餌をめぐって毎日騒々しいけんかが起こる。劣位なサルは周囲に気兼ねするので、なかなか落ち着いて餌が取れない。そこで劣位なメスはふだんから特定の優位なオスにくっついて歩くようになり、餌場でもオスのそばで有利に餌をとるようになった。いわば、「虎の威を借る狐」の作戦に出たわけである。

この現象を観察した高畑由起夫（霊長類学者）によると、こうしたオスとメスの仲良し関係は交尾を通じて生まれるらしい。メスは交尾季の間に仲良くなったオスの後を交尾季が終わってもついて歩き、オスを保護者として頼るようになる。すると面白いことに、このメスとオスはやがて交尾を回避するようになるというのである。

こういった観察結果から、交尾回避が起こるのは「幼少期や過去に親密な関係をもった雌雄」ではないかと考えられるようになった。とくに、幼児の間に世話をしたものと受けたものとの間には、その後交尾を回避する強い傾向が生まれる。これをバーバリマカクで詳しく調べたクエスター（ボン大学の霊長類学者）たちは、オスと幼児が一日に三パーセント以上の親密な接触を六カ月以上続ければ、後に交尾回避が起こると推測している。つまり、母親と息子や、母を同じくする血縁者間ではこのような接触が自然に起こるので、必然的に交尾回避が発現する。霊長類は血縁を認知する生まれつきの能力ではなく、幼児期にもった親密な関係という後天的な経験を手がかりにインセスト(近親相姦)を回避しているということになる。

フロイト対ウェスターマーク

霊長類におけるインセスト回避機構の発見は、人類学におけるある歴史的な言説を復活させる契機になった。実は一八九一年に『人類婚姻史』を著したウェスターマークは、人間社会では幼いころから親密な関係にある親子や兄弟姉妹の間に性欲が起こらず、性交渉が回避されると考えた。ところが、同時代に幼児期の性欲を中心テーマにした仮説を練り上げていたフロイトは、ウェスターマークの説に猛烈に反対した。前述したように、フロイトは近親者間に芽生える性欲をエディプス・コンプレックスによって乗り越えることによって、正常な性的関心と性対象をもつことができると考えた。もしウェスターマークの説が正しければ、エディプス・コンプレックスという概念が間違っていることになる。おかげでウェスターマークの説は黙殺され、一世紀近くも陽の目を見なかったのである。

ところが、イスラエルのキブツで親と引き離されて共同保育された男女の結婚を調査してみると意外なことがわかってきた。キブツでは同じキブツ出身者どうしの結婚を奨励しているにもかかわらず、そんな例は一パーセントにも満たなかった。ほとんどの子どもたちは思春期に達すると、他のキブツ出身者をパートナーとして選んだのである。また、台湾に古くからあるシンプアという幼児婚（幼児のうちに将来結婚する相手が決められていっしょに育てられる制度）を調べた人類学者のウルフによると、この結婚では出産率が非常に低く、離婚率が高い傾向があった。また、成長してから結婚を嫌がって逃げ出すケースも見られたという。

これらの例はいずれもウェスターマークの説が正しいことを示唆していた。そして、幼児期の親密な関係がその後の性交渉を阻害するという傾向が人間以外の霊長類に認められることが判明すると、この現象はサルと人間に共通な生物学的基盤をもっていると考えられるようになったのである。とくに、交尾回避が遺伝的に血縁を認知する能力によるのではなく、後天的な社会交渉の経験に由来するという発見は重要である。なぜなら、霊長類のオスが示す父性行動は、結果として世話をしたメスの子どもとの性交渉を阻害することになるからである。幼児期のある程度持続的な親密関係は性交渉にはつながらない。この性質こそ、人間が家族という不思議な集団単位をつくるときに必要とした特徴だったに違いない。

インセスト・タブーと家族の起源

インセストの禁止は、人間家族の成立に不可欠な条件と考えられてきた。一九世紀に社会進化論を提唱したモルガンやバッファオーウェンは、配偶関係に関する規制が人類を原始乱婚から現代の核家族へと進化させる重要な役割を果したと考えた。後に社会進化論に反対したマードックやレヴィ＝ストロースも、インセストの禁止が人間の家族の根底にあるという点では一致している。しかし、この制度は生物学的に考えるとどうもおかしなところがあるのだ。

まず、インセストは本当に害ばかりをもたらすのだろうかという疑問がわく。近親間の性交渉（インセスト）で生まれた子どもは劣性ホモの遺伝子を多くもち、ヘテロなときには隠されていた障害が発現する危険が高い。死産や流産する率も高いと言われている。しかし、血縁のとくに近い親子はともかく、叔父と姪や、いとこどうしまで禁止しなくてもよさそうなものだ。事実、ニホンザルやバーバリマカクでは父と娘、父を同じくする兄弟姉妹の間に子どもが生まれており、何の遺伝的な障害も報告されていない。生まれつき近親個体を認識できるウズラでも、まったく血縁関係のない相手よりいとこなどの近親者を交尾相手に選ぶ傾向がある。社会生物学的に考えれば、自分の遺伝子を多く残すほうが適応的なのだから、むしろ交尾相手に遺伝子組成の似た近親者を選ぶほうが望ましいと言える。

また、人間も含めて多くの霊長類の交尾は直接妊娠に結びつくとは限らない。まして人間では妊娠に結びつく性交渉と結びつかない性交渉を区別することができるのだから、近親者間で結婚だけを禁じるならともかく、性交渉まで禁じる理由はない。妊娠しそうなときだけ近親者との性交渉をやめれば、遺伝的に障害をもつ子が生まれるのを防ぐことができる。にもかかわらず、どこの人間社会でも近親間の広い範囲で性交渉が禁じられており、実際に血縁関係のない義理の親子や兄弟にも同様なタブーが適用される。インセストの禁止は、生物学的な理由だけでは説明できないのである。

レヴィ＝ストロースは、インセストの禁止を生物学的理由によっては定義することのできない、自然から文化への移行をしるす規範と考えた。この規範が根拠のあいまいな否定として現れることによって、自然の摂理を脱した人間の社会が可能になったと想定したのである。インセストの禁止の直接的な結果として、女の親族である男たちは性交渉も結婚も禁じられ、女を外へ出すことを容認するようになる。そして同じような立場にある別の親族の男たちとの間で、女の交換を通して結婚を成立させる。女を得たほうは与えたほうに負債を負い、それが交換を通じて親族間に持続的な関係をもたらす。つまり、インセストの禁止が外婚を促し、姻族を形成するきっかけになっていくプロセスを互酬性の問題としてとらえたのである。するとインセストの禁止とは人間の集団間に女の移動と交換を促し、集団内に性的なトラブルを抑止して協力を生み出す役割を果たしていると考えることができる。その器が家族であり、交換の単位が親族集団となる。しかし、はたしてこれは人間社会だけの特徴だろうか。

個体の移動がインセストの回避につながる

たしかに、多くの霊長類の集団ではインセストを回避する傾向が個体の移動に直接結びついてはいない。むしろ、逆に個体が集団間を移動する結果としてインセストが起きにくくなっているとさえ言えるのだ。母系的なニホンザルの集団ではオスだけが集団間をわたり歩く。しかも、オスが短期間しかひとつの集団に滞在しないことがインセストの防止に役立っている。若いオスは交尾ができる思春期になると生まれ育った集団を離れ、別の集団に加入しても交尾をして生まれた子どもが思春期に達するまでに、ふたたびその集団を離れてしまうと考えられるからだ。オスは母親や姉妹とは交尾をしないが、ふつう生まれた集団で近親者以外にも交尾の相手は見つかる。交尾回避が原因でオスが集団を離れるとは思えないのである。オスの移動がどういう理由で起こるのかまだはっきりしたことはわかっていないが、このおかげで父親と娘、父を同じくする兄弟姉妹は、幼児期に親密な関係を結んだ経験がなくてもインセストの起こる機会をもたずにすむ。人間以外の霊長類では外婚につながるような個体の移動傾向が、すでに確立されているのだ。

インセストの回避がオスの移動を促進しているという例が見られる種もある。サバンナモンキーのオスは近親者に対する性的関心を失うことが離脱の原因と考えられているし、サバンナヒヒでも離脱前の若いオスはどのメスとも交尾ができないという報告がある。なかでもマウンテンゴリラの例は、インセストの回避とメスの移籍とが直接結びついている点で、人間と比較できるものである。

中央アフリカのヴィルンガ火山群に生息するマウンテンゴリラでは、オスもメスも生まれ育った集団を離脱するが、メスだけが他の集団に加入する。オスは離脱後しばらく独りで森をさまよい歩き、他集団からメスを誘い出して自分の集団をつくる。若いオスが集団を出て行くのは父親との間に反発関係を高めることがきっかけとなるが、若いメスは父親との交尾を避けて集団の外に相手を求めるためと考えられている。単雄複雌の構成を持つゴリラの集団では、若いオスは近親者以外のメスを集団内で得ることができるが、若いメスは父親以外に成熟したオスを見つけられないからである。ここは人間の家族の仕組みとよく似ている。ゴリラの核オスの持続的な世話が、幼児のメスが思春期に達したとき交尾を回避させる効果をもたらしていると思われる。

ただ、ゴリラのメスは母親を同じくする兄弟とは交尾をしないが、父親を同じくする兄弟とはふつうに交尾をするようだ。若いメスたちが思春期に達したとき、その集団にまだ離脱しない若いオスがいれば、メスはそのオスと交尾をして離脱しなくなることがあるからだ。メスが異母兄弟に当たるオスとの間に子どもをつくった例も複数ある。その場合、交尾相手となったオスも集団を離脱しなくなる。こういう例は核オスである父親が老境に達したときによく起こり、息子が父親の後をついで新しい核オスになることもある。

インセスト回避が外婚を生み出す条件

ゴリラの事例から、インセストの回避がメスの移動を引き起こす条件として次のことが考えられる。まず、オスが幼児のメスと持続的で親密な関係を結ぶこと。次に、その幼児が思春期に達するときまでオスが集団に残っていること。さらに、集団サイズが小さく、集団内に成熟したオスがなるべく少ないことが必要だ。集団が大きければ、メスが交尾を回避しない異母兄弟がいる可能性が高く、彼らと交尾をすればメスは移籍しなくなる。

メスが集団の外のオスに性的関心を向けるためには、他の集団や独り者のオスと頻繁に出会う必要がある。ゴリラの集団はなわばりをもっていないので、さまざまな集団やヒトリゴリラと遊動域を重複させている。メスは決して単独では遊動しないので、これらの集団やオスと何度も出会いを繰り返す間に移籍先を見定めることになる。集

ゴリラ、移籍する娘とその母

団内で、近親者間の連合があまり強くないことも重要だ。ニホンザルのように血縁関係にあるメスどうしが強く連帯してしまえば、そういった援助を期待できない集団へと移ることは大きな不利になる。近親者をけんかに勝たせて優劣順位を上げようという性向をゴリラがもたないために、若いメスたちはあまり執着を残すことなく生まれた集団を離れることができる。

　これらの条件がうまく組み合わさったときに、インセストの回避はメスの移動を促す効果をもつ。もしかしたら、初期人類の集団では、この効果をもたらすよ

うにインセストを禁止したのかもしれない。つまり、回避では効果のはっきりしなかった現象を制度によって社会に定着させたのである。

親子愛と性愛は両立しない

霊長類は生まれつき血縁を認知せずに、生まれてから親密な交渉をもった経験をもとに性的な関心を抱かない関係をつくりだした。性交渉を通じてつくる親しさと親子の親しさとは本来違うものであり、同時には二者間に共存できないものなのである。だからこそ親子は性的競合に陥ることなく共存できる。霊長類では母親につながる母系的血縁内ではこれが自然に発動していた。しかし、父親につながる父系的血縁内では生物学的な関係とは一致しない。メスと違ってオスは自分の子どもを認知できないからである。言い換えれば、父親はいくらでも取り替えることが可能なのだ。

人間の社会が、インセストの禁止の適用される範囲を広げたのは、性的競合を高めずに共存する必要があったからだ。発情に周期性のある他の霊長類と違って、人間の男女は合意すればいつでも性交渉を結ぶことができる。インセストの禁止という規範がなければ、親族の者たちですら共存することがむずかしくなる。

人間の家族は、父親という仮構としての親性をつくりだすことによって成立したと私は思う。それは、オスが母親と同じように親子としての親和的な関係を特定の子どもと結ぶことによってつくり出される。しかし、それは同時に霊長類の共通な性向によって両者に性交渉の回避をもたらすことになった。初期の人類はそれを規範として用いて、家族をつくったに違いない。この規範は同性間に異質な関係（親子、きょうだい）、異性間に複合的な関係（自分の娘で他人の妻、自分の弟で他人の夫）をつくり出し、性的なトラブルに陥らない協力関係を生み出す効果をもっている。レヴィ＝ストロースが喝破したインセスト・タブーと結婚の関係は、こういった特徴の上に成り立っているのである。

この規範によって、霊長類のインセスト回避は異性の交換を通じて集団どうしを結びつける文化的な装置となったのである。家族はインセスト・タブーによって支えられており、その起源は父親という親性をつくりだしたところにある。父親という存在にいつもつくりもの、契約といった印象がつきまとうのは、それがはじめから文化という作為とともに歩んできたからである。

第六章　オスたちの暴力

性暴力の原因

これまで霊長類の社会から人間の家族にいたる進化の歴史を振り返ってきたが、なにも人間の家族が最も進んだ形態であり、霊長類の社会進化の大団円なのだと言いたいわけではない。ひょっとしたら、これは失敗作なのかもしれないのだ。とくに現代、あちこちで家族をめぐる不幸な事件が頻発していることを見ると、少なくとも家族という形態はこれからの人間生活にとって再考を迫られる問題を多くはらんでいることは確かだ。ここではそのなかで、男の暴力、とくに性に絡む暴力という問題を考えてみることにする。

人間はインセスト・タブーによって多元的な関係をつくり出し、性的なトラブルを防いで多様な協力関係を生み出す家族という装置をつくった。しかし、家族の中に性交渉を限定しておくことには成功しなかった。むしろ、社会や文化によっては性交渉によるトラブルを親族内に持ち込ませないために、公娼の制度や施設を積極的につくってきたとさえ言える。性交渉におけるトラブルは、宗教の教義は別として、異性の相手に対する独占欲と支配欲、性交渉が特別に親密な関係を生み出したり反映したりするという人間に独特な考え方に端を発している。これがなければ、トラブルを起こす必要がない。事実、こういった傾向が希薄な霊長類ではあまり性的なトラブルが起こらず、したがって暴力沙汰もあまり起きない。

　そもそも霊長類のオスは、メスが発情しなければ性的関心を示さないという特徴をもっている。しかも、メスはいつも発情しているわけではない。どのメスも排卵の時期とその前の限定された期間しか発情しないし、交尾季をもつ種では発情する季節も限られている。オスたちが性的なトラブルを起こす時期も季節も限定されているというわけだ。

　たとえばニホンザルは秋から冬にかけて交尾季をもつ。交尾季以外の季節はけんかが目立って少なく、けんかで大きなけがをするサルもほとんどいない。対照的に、交尾季は群れの内外でオスたちが木を揺すってガガガガと大きな声を張り上げるので、森の中はとても騒々しくなる。オスたちは互いに張り合いながら、発情メスたちを誘っているのである。群れのオスたちは優劣関係を認め合って共存しているから、ふつう最優位のオスしかこういった派手なディスプレイを示さない。しかし、交尾季にはよその群れのオスや単独生活をしているオスたちが次々に群れを訪問し、群れオスたちに挑戦する。最優位のオスといえども、たやすく発情メスを独占できるわけではない。

さらに、メスたちは交尾相手を自分で選択できる。優位なオスが他の群れオスを制して発情メスに近づいても、メスが拒否すれば交尾をすることはできない。メスが群れを訪問しにやってきた群れ外のオスのほうへ引かれていけば、最優位なオスはそのオスと対決しなければならなくなる。こういったときに、まさにストーカーのようなオスの行動が発現する。

ストーカーになるオスたち

最優位のオスはメスから交尾を拒否されると、執拗にメスに追随して歩くようになる。なにしろ群れの中で最も強いのだから、メスに近づく群れオスをすべて追い払うことができる。メスが歩けば自分も歩き、メスが座ればその後ろで休む。メスが木に登ればその木の下で休むといった具合である。不思議なことにメスに危害は加えない。ときどきおおげさにメスの背を両手でつかんで組み敷いたり、首に咬みつくことがあるが、傷を与えることはめったにないようだ。メスはそんな執拗なオスの追随に明らかに迷惑そうな態度を示すが、臆することなく交尾を拒否し続けることが多い。オスが居眠りをしたり、採食したり、他のサルを攻撃したりしているすきに逃げ出して、少し離れたところでこっそり他のオスと交尾をしたりする。こんなとき、オスがメスのそばでマスターベーションをしていることがある。飛び散った精液の固まりを指でつまんで食べているオスの姿は何ともあわれなものだ。

しかし、オスの追随がまったく効を奏さないわけではない。はじめは拒否していたメスがそのオスを受け入れて交尾をすることがあるからだ。といっても、メスがすっかりそのオスの望むように行動するわけではない。メスは交尾を拒否することもあるし、他のオスとも交尾をする。また、メスが群れから離れて群れ外のオスと行動を共にするようになると、オスも追随するのをあきらめる。群れのそばならば他の群れオスたちと協力して群れ外オスを撃退することができるが、離れた場所で一対一の対決をするのは危険が大きすぎるのだろう。こういったことが続くうちに、オスはそれまで執着していたメスをあきらめて追随しなくなる。やがて、メスが発情をやめるとオスも関心を失ってしまい、ストーキング行為も見られなくなる。ニホンザルのストーカーには、方法も期間も限られているのである。

ストーカーのオスはメスにめったに危害を加えないが、オスは突如としてメスを攻撃して傷を与えることがある。もちろんオスどうしのけんかのほうが多いのだが、メスも被害にあう。オスからメスへの攻撃は交尾季の前半に多く、とくに若いオスや順位の低いオスが後ろからそうっと近づいてきてメスに咬みつく。被害者も若いメスが多いようだ。こういったオスの攻撃は求愛行動のひとつで、その結果オスはメスと交尾をする機会が増すという報告がある。発情に伴って上昇する男性ホルモンのテストステロンは攻撃性を高める効果がある。まだはっきりした理由はわかっていないが、オスがメスより優位な社会では、発情した際にオスは攻撃性を高めて競い合う傾向があるということは言えそうだ。そして、ふだん抑圧されている若いオスや順位の低いオスは、それをメスに向けることがあるということは注意しておく必要があるだろう。

発情していないメスとどういう集団を作るか

しかし、集団をつくって暮らす霊長類のオスは発情しないメスたちにまったく関心をもっていないわけではない。もしもっていないなら発情しているときにだけメスに近づけばいいので、メスたちと集団をつくる必要がないからだ。実際メスだけの集団は有蹄類など多くの哺乳類で知られているが、霊長類には存在しない。集団をつくる霊長類には、単独生活をするメスもメスだけの集団も見られないのである。これは、霊長類のオスたちが発情していないメスたちと暮らすことに大きな価値を見出している証拠である。オスたちは性的関心を抱いてはいないかもしれないが、少なくともメスに関心をもっているのだ。

そのオスたちの関心が強く表れているのが、一頭あるいは複数のメスをそれぞれのオスが独占して暮らすペアや単雄複雌の構成をもった社会であろう。ストーキングが異性の相手を独占することを目論む行為ならば、こうした社会ではそれが達成されていることになる。ここでは、それを奇妙な手段で達成しようとするオスたちを紹介することにしよう。

マントヒヒはサバンナヒヒに近い仲間でエチオピアの高原やアラビア半島の乾燥した岩山に生息している。この同属の二つの種を比べてまず驚くのは、メスの姿は種間であまり差がないのに、オスには大きな違いがあることだ。マントヒヒのオスは顔の周囲から肩にかけて大きなマント状の長く白い毛をもち、ピンク色の顔をしていてよく目立つ。サバンナヒヒのオスにはこういった特徴がなく、メスのような褐色の体毛をしていて、体が大きく犬歯が長いという特徴でメスと異なっているだけである。

両者は社会構造でも大きく異なっている。マントヒヒは一頭のオスと複数のメスからなる単雄複雌群をつくる。しかし、それぞれの群れが独自の遊動域をもたず、複数の群れが集まって遊動し、夜はさらに多くの群れが集まって険しい断崖でいっしょに眠る。前者の集まりをバンド、後者をトゥループと呼ぶ。彼らの生息する場所は樹木がない草原である。水や食物を得るために多くの群れが遊動域を共有しなければ生きていけないし、地上性の肉食獣や空にいる猛禽類から身を守るために複数の群れが集まって警戒を強化する必要がある。

一方、サバンナヒヒは似たような環境に生息するのにこのような小群に分かれず、複数のオスとメスが集まってニホンザルと同じような複雄複雌群をつくる。オス間には直線的な優劣関係があり、メスは家系によって優劣順位が決まる。メスは生涯にわたって群れを離れず、オスだけが群れ間を移籍する母系的な傾向をもつ。

マントヒヒとサバンナヒヒの社会構造の違いはいったい何によってもたらされたのだろうか。どちらのオスも特定のメスに関心を集中させ、そのメスのそばにとどまり続けようという志向性をもっている。しかし、その方法が違う。マントヒヒのオスはメスに自分を追随させようとし、たえず後ろを振り返ってメスをせきたてる。もしメスが離れようとすると飛びかかって大仰に首筋に咬みつく。このオスの行動は「かり集め行動」と呼ばれている。対照的に、サバンナヒヒのオスはただひたすらにメスの後をついて回るだけだ。このかり集め行動の違いが両種の社会構造に反映し、一方は単雄複雌群に、他方は複雄複雌群になると考えられているのである。

クンマー（チューリヒ大学の霊長類学者）はこの仮説を実証するために、マントヒヒのメスをサバンナヒヒの群れに放してみた。するとメスたちはサバンナヒヒのオスたちが自分たちをかり集めようとしないのを見て、しだいにオスから離れて自由に行動するようになった。そこで今度は、サバンナヒヒのメスをマントヒヒの群れに放してみた。マントヒヒのオスたちはこれらのメスたちをかり集めようとやっきになり、メスは一時的にオスに従った。しかし、やがてメスたちはオスに背いて勝手に行動するようになり、オスたちもメスを従わせるのをあきらめざるを得なくなった。これらの観察からクンマーは、二種のヒヒの祖先型はおそらくサバンナヒヒのような集団構造をもち、メスが自由に行動するような性質をもっていたと考えた。それがオスのかり集め技術の確立とともに、一頭のオスのもとに集合するような社会型に変化したと想像したのである。

幼児メスをさらって集団をつくるオス

エチオピアのアワシュ渓谷では、マントヒヒとサバンナヒヒの分布域が重なっており、両種の間で交雑が行われて雑種が生まれている。分布域の重複部では、雑種ヒヒが奇妙な集団をつくっている。雑種化の程度によってマントヒヒに近い集団構成だったり、サバンナヒヒに近い集団構成だったりするのである。菅原和孝（社会人類学者）と庄武孝義（集団遺伝学者）は雑種ヒヒの行動と遺伝子構成を調べてみた。すると、オスのかり集め行動と複数のメスと群れをつくる傾向はマントヒヒの遺伝子割合が高い個体に見られた。すなわち、オスのかり集め技術はある程度遺伝的に固定した行動と考えることができる。しかし、オスが単雄複雌群をつくるためにはメスをかり集めるだけでなく、他のオスとも互いに侵略しあわないような了解をとりつける必要がある。このオス間で交わされる示威と宥和のコミュニケーションの割合は個体の雑種化の程度ではなく、集団全体の雑種化の程度と相関した。メスへの行動には遺伝的な背景が反映したが、オスどうしには集団全体の傾向が反映したのである。この例は、ヒヒたちの行動が遺伝だけではなく、経験や状況によって変化することを示している。

さて、マントヒヒのオスにはかり集め行動のほかに、集団をつくる重要な行動が知られている。ハレム型の単雄複雌群には、ふつうメスと交尾ができないオスのフォロアーが数頭いる。そのなかの若いオスは、あるときハレムから三歳前後のメスの幼児をさらって自分の群れをつくる。幼児を抱いたり保護したりするので、その行動は一見父性行動のように見える。しかし、幼児がハレムにもどろうとすると強制的に自分のもとへつれもどす。まるでかり集めのような行動を示すのである。そのうち幼児もこの若オスに付き従うようになり、オスにとって最初の集団が成立する。

このオスと幼児の交渉が父性行動ではないのは、幼児がやがてオスの交尾相手となることからわかる。この場合にはウェスターマーク効果が発現しないのである。マントヒヒのオスと幼児の関係は、他の霊長類の父性行動のような親密な接触をともなわないのだろうか。あるいは、マントヒヒでは幼児期の親密な関係が交尾を阻害しないのだろうか。詳しいことはまだわかっていない。ただ、マントヒヒのオスは発情したメスだけでなく、まだ幼児期にあるメスにまで強い関心を向け、将来の繁殖相手としての関係を築いていく性向をもっていることは事実だ。オスたちの派手なマントは、できるだけ多くのメスに自分を目立たせようと張り合ってきた証である。彼らの社会は、そういったオスの志向性を強く反映していると言えるだろう。

子殺しをするオスたち

霊長類のオスの暴力を考える上で、近年重要な話題はオスによる子殺しである。哺乳類の中で、霊長類はとくに子殺しがよく起こる分類群であり、殺害者はほとんど常にオスであるからだ。

霊長類の子殺しは、一九六二年にインドのダルワールで杉山幸丸（霊長類学者）によって初めて観察された。ここに生息するハヌマンラングールは単雄複雌群をつくって暮らしている。メスは生まれた群れを生涯離れず、オスは思春期に群れを離脱するとオスばかりの集団に加入する。オスが群れの核オスでいられるのは二―三年で、やがてオス集団のオスたちの一斉攻撃を受けて追い出されてしまう。しばらくオスたちの勢力争いが続くが、一週間もするとオスのうちの一頭が新しい核オスとなり、他のオスはみんな追い出されてしまう。

子殺しが起こったのはこのときである。新しい核オスは赤ん坊を抱いている母親を攻撃し始め、次々に赤ん坊を咬み殺していったのである。赤ん坊を失った母親はその後一週間から一カ月ほどの間に発情し、殺害者の核オスと交尾をして、六カ月後に次々に出産した。

この発見は当初、特殊な異常現象と考えられた。同じ種内で仲間どうしが、しかもいたいけな赤ん坊を殺すなどという行為は、人間はともかく、自然の摂理にしたがって生きる野生動物にはあり得ないと見なされたのである。しかし、その後子殺しが他の地域に生息するラングールやライオンでも報告されるようになると、この行動を正常なものとして解釈せざるを得なくなった。

ハーディ（霊長類学・行動生態学者）は、これをオスどうしが自らの繁殖成績を上げようとして競い合う性選択の好例としてとらえた。単雄複雌の集団構造を常とする社会では、オスが繁殖に参加できる期間が限られている。そこで、オスはその機会を最大限自分に有利なように利用しようとする。だが、群れを乗っ取って核オスとなったとき、メスが乳児を抱いていたら、そのメスは発情しないので、交尾をして自分の子どもを残すことができない。乳児を殺してしまえば、他のオスの子どもは排除できるし、授乳の止まったメスが発情を再開するので早く自分の子どもを残すことができる。すなわち、子殺しは交尾機会が限られたオスを多くもつ社会型に特有な、オスの繁殖戦略だというわけだ。

子殺しはメスにとっては大きな損失になる。それまでの交尾、妊娠、出産、子育てという繁殖プログラムがすべて無に帰するのだから、おいそれとオスの意向に従うわけにはいかないはずだ。事実メスたちはオスの攻撃に抵抗してわが子を守ろうとする。しかし、子殺しが起こる種はだいたいオスのほうがメスより格段に大きい。複数のメスが協力してオスに立ち向かっても、子殺しを防ぐことはできないようだ。

子殺しによってオスは繁殖に成功するのか？

さて、はたして子殺しをオスの繁殖戦略と見なすことは可能だろうか。今までに二〇種を超える霊長類に子殺しが報告されていて、その大半は単雄複雌の集団を基本とする社会だから、少なくともオスどうしのメスをめぐる競合が激しい種で起こるということは言えそうだ。殺された子どもは乳児が圧倒的に多いので、メスの発情を早めるという効果もある。しかし、子どもを殺したオスがその母親と交尾をして実際に自分の子孫を残せたかというと、これははなはだあやしい。これまで報告された子殺しのうち、実際にその現場が観察された四八例を分析したバートレット（霊長類学者）たちによれば、殺害者のオスが犠牲者の母親と交尾をして子孫を残した可能性のあるのは八例であった。しかも八例中二例は自分の子どもを殺した疑いがあるので、繁殖戦略としては失敗である。

森明雄（霊長類学者）は、これまで子殺し行動が知られていなかったゲラダヒヒで新しく子殺しが起こるのを目撃した。これまでゲラダヒヒはエチオピア北部の高原地域にしか生息が確認されていなかった。ここは河合雅雄ら京都大学の調査隊やダンバー（霊長類学・人類学者）らによって古くから調査がなされ、その生態や社会が詳しく調べられている。ゲラダヒヒはマントヒヒと同じような単雄複雌群をつくり、それがいくつもまとまったバンドやトゥループを形成する。

しかし、新しいオスに群れを乗っ取られたときに、前の核オスは追随者として群れに残る。メスたちと交尾はできないが、残された子どもたちの世話をして子どもを守る。また、乗っ取られた際に身ごもっていたメスは流産してしまい、すぐ発情して新しいオスと交尾をすることが知られている。こういった社会関係や生理の特徴が子殺しの発生を未然に防いでいると考えられていたのである。ところが、森たちは南部の高原にもゲラダヒヒが生息していることを発見した。子殺しはここで起こったのである。

子殺しは核オスがヒョウの襲撃を受けて負傷して弱り、その群れの若いオスが新しい核オスになった後に起こった。周辺から外来のオスが群れに加わり、メスが抱いている赤ん坊を殺したのである。外来のオスは犠牲者の母親と交尾をしたが、新しい核オスにはなれなかったようである。森たちは他にも子殺しの例を確認しているが、いずれもオスが自分の子孫を残すための繁殖戦略というより、メスをめぐるオス間の激しい競合の副産物ではないかと考えている。

子殺しはオスが一般的にもっている「赤ん坊に対する攻撃の抑制」が解かれたときに起こる。乗っ取りによってオス間に競合が高まった際にこの抑制が解かれ、子殺しが起こりやすくなると考えたほうがよかろうというのだ。南部の高原は崖斜面にあってオスが群れを防衛しにくく、他のオスが群れ内に入り込みやすい。平原の多い北部高原では各群れが集まってバンドをつくり、核オスたちが結束して外敵や外来オスの侵入を防ぐ。南部高原ではこの共同防衛がむずかしく、そのため外来のオスが入り込んで社会変動を起こしやすいというのである。

同じ種で子殺しが、ある地域だけに集中して起こるということはハヌマンラングールでも知られている。杉山が調べたハヌマンラングールもインドとスリランカに広い分布域をもつが、子殺しは南西部でしか起こっていない。北東部に生息するラングールは生息密度が低く、単雄複雌群だけでなく、オスを複数含む複雄複雌群をよくつくる。このことから、杉山は生息密度が高い地域では各群れのなわばりが小さく厳格になり、群れへ入れないオスの数が多くなって社会変動が起こりやすくなる。それが子殺しを頻発させる原因になっていると考えた。

また、複数のオスが共存する複雄群ではオスたちが群れに参入して交尾をする機会が多いので、単雄群に比べて乗っ取りが起こりにくい。しかも、メスたちが複数のオスと交尾をするので、オスにとってどの赤ん坊が自分の子どもであるかを確実に判断することはできなくなる。殺害した赤ん坊が自分の子である可能性もあるわけだから、子殺し行動も起こりにくくなる、という説もある。このように父性をあいまいにすることによって、子殺し行動が未然に防止されているという考えは、複雄群をつくるすべての種にあてはまる。

しかし、子殺しという行動が種によっても、種内でも大きな差があるということは、どのように理解したらよいのだろう。性選択理論からすれば、オスの競合が強い種に進化した繁殖戦略であり、この行動をもつ種ともたない種に分かれることになるので種内変異は説明しにくい。もうひとつの考えは、この行動はオスの潜在的な表現型としていくつかの種に備わっているが、その発現が地域や集団の条件によって抑えられているというものだ。種内の変異は、その条件が崩れたために起こると考えられる。霊長類の多様な社会構造や社会行動は、もとをただせばオスによる子殺しという脅威にどう対処してきたかという進化の歴史を反映しているということになる。

子殺し行動の有無によって社会がどう変わるかについて、私はゴリラで興味深い現象を観察している。それを紹介しながら、子殺し行動がメスやオスの行動に与える影響力について考えてみよう。

ゴリラの社会変異

ゴリラはアフリカ大陸の赤道直下の熱帯雨林に、西と東に分かれて生息している。西はニシゴリラ、東はヒガシゴリラという別種に分類され、ヒガシゴリラにはヒガシローランドゴリラとマウンテンゴリラという亜種がいる。同じアフリカの熱帯雨林とはいえ、海岸近い低地から標高四〇〇〇メートルを超える高地まで変化に富んだ環境

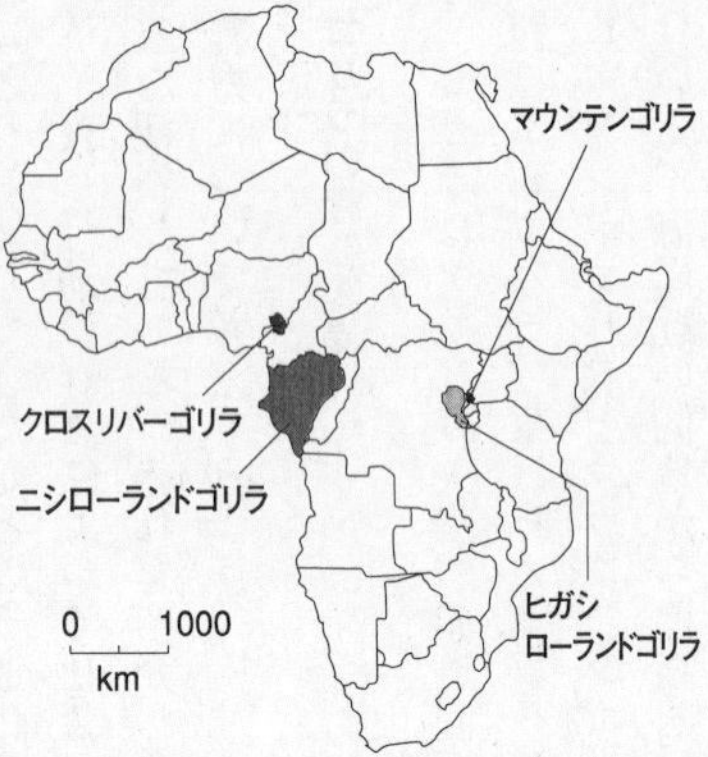

ゴリラ４亜種の生息域

に生息している。

しかし、どこでもゴリラはまとまりのよい単雄複雌群をつくり、群れどうしが大幅に遊動域を重複させて暮らしている。つまりゴリラでは、オスがメスを囲い込むことに成功しており、なわばりをつくらなくても、集団をつくる核オスどうしにある程度相互不可侵の了解があると考えられる。ハヌマンラングールやゲラダヒヒと違うところは、核オスが外来のオスに集団を乗っ取られることはなく、メスが群れ間をわたり歩く非母系の構造をもっていることだ。

ゴリラの社会で顕著な地域差のある特徴は、群れに含まれる成熟したオスの数である。マウンテンゴリラが生息するヴィルンガ火山群やブウィンディ森林では半分近い群れが二頭以上のオスを含んでおり、最大では七頭を含む大きな群れまで報告されている。ところが、他の地域では複雄群は一割にも満たず、二頭を超えるオスを含む群れは見当たらない。マウンテンゴリラでは複数の成熟したオスがひとつの群れに共存でき、他の地域のゴリラでは共存がむずかしい。なぜ、このような違いができるのか、これまでヴィルンガ火山群以外の地域で詳細な調査がなされてこなかったため実態を比較することができなかった。ただ、それが子殺し行動に関係があるらしいという推測がなされていた。最近、私はヒガシローランドゴリラの二〇年近い記録を分析して、オスの数と子殺しの関係を説明するヒントを得ることができたので、それを紹介しよう。

私が長年にわたって調査を続けているカフジ山は、ヴィルンガから二〇〇キロメートルほど離れており、山地林、湿地、竹林からなる生息環境はヴィルンガによく似ている。ここに生息するヒガシローランドゴリラは、一九七〇年代の初めからゴリラ・ツアーのために人付けされてきた。私は一九七八年にここを最初に訪れ、群れの分布や人付けされた群れの調査を行ったが、生息密度や群れの大きさはマウンテンゴリラと大差なかった。一九八四年からはゴリラ・ツアーのガイドに新しく雇われたジョンと協力して、人付けされたゴリラにそれぞれ名前を付け、各個体の出産、死亡、移動などの履歴を追跡してきた。その結果、以下のようなことがわかった。

子殺しの有無はメスの移籍とオスの共存に影響を与える

カフジのゴリラの群れも成熟したオスを二頭含むことがあるが、これは父親と思春期に達した息子である。息子は成熟するとまもなく群れを出て行くので、オスが二頭になる時期は長く続かない。多くの場合、息子は独りで群れを出て、しばらく単独生活を送ることになる。しかし、メスを連れて出て行き、新しい群れをつくることもある。こういう父と息子は、離れて自分の群れをつくっていても、あまり敵対的な関係にはならないが、よそから見知らぬ群れがやってくると激しくぶつかり合うことがある。

メスはこのような、群れどうしが出会う際に移籍する。単独で遊動しているヒトリオスのもとへ身を寄せることもある。しかし、メスが単独行動をすることはない。核オスが死んだ場合は息子の若いオスが後を引き継ぐが、オスがいない場合にはメスだけでしばらくメス集団をつくって遊動することがある。やがてヒトリオスが加入してきて新しい核オスとなるが、二七カ月間もメスだけで暮らした例もある。メスはよく他のメスといっしょに集団間を移動し、赤ん坊や幼児を連れて別の集団へ移籍することもまれではない。

そして、このカフジでは今まで三〇年近く子殺し行動が観察されていない。ヴィルンガに生息するマウンテンゴリラでも、ひとつの群れに共存する成熟したオスは父親と息子か、兄弟である。しかし、ここでは成熟しても生まれ育った群れを離れないオスが多く、複雄の構成が長期間続くことがまれではない。若いオスは単独で群れを出ることが多く、メスを連れて出ることはない。また、オスだけの群れがつくられ、若いオスがこのオス集団へ加入することがある。他の霊長類のオス集団と異なり、ゴリラのオス集団はメンバーシップが安定していて、何年間も続くことがある。ヴィルンガ以外の地域ではこうしたオス集団は知られていない。群れ間はたいがい敵対的な関係を保っており、ときおり激しくぶつかり合う。とくにヒトリオスはメスのいる群れをこっそりつけ回し、メスを誘惑しようとするので、群れの核オスにとっては最も危険な存在だ。ラングールと違い、ゴリラのオス集団は他の群れとの出会いを避け、メスを積極的に獲得しようとはしない。

メスの動き方もカフジと違っている。まずメスはふつう単独で群れ間を移動する。核オスが死んだときに限って、他のメスや幼児を伴って移籍することがあるが、メスたちだけで長く集団をつくることはない。たいがい、メスはばらばらになって他の群れへ加入するか、ヒトリオスがすぐ新しい核オスとして加入する。これらのメスの動

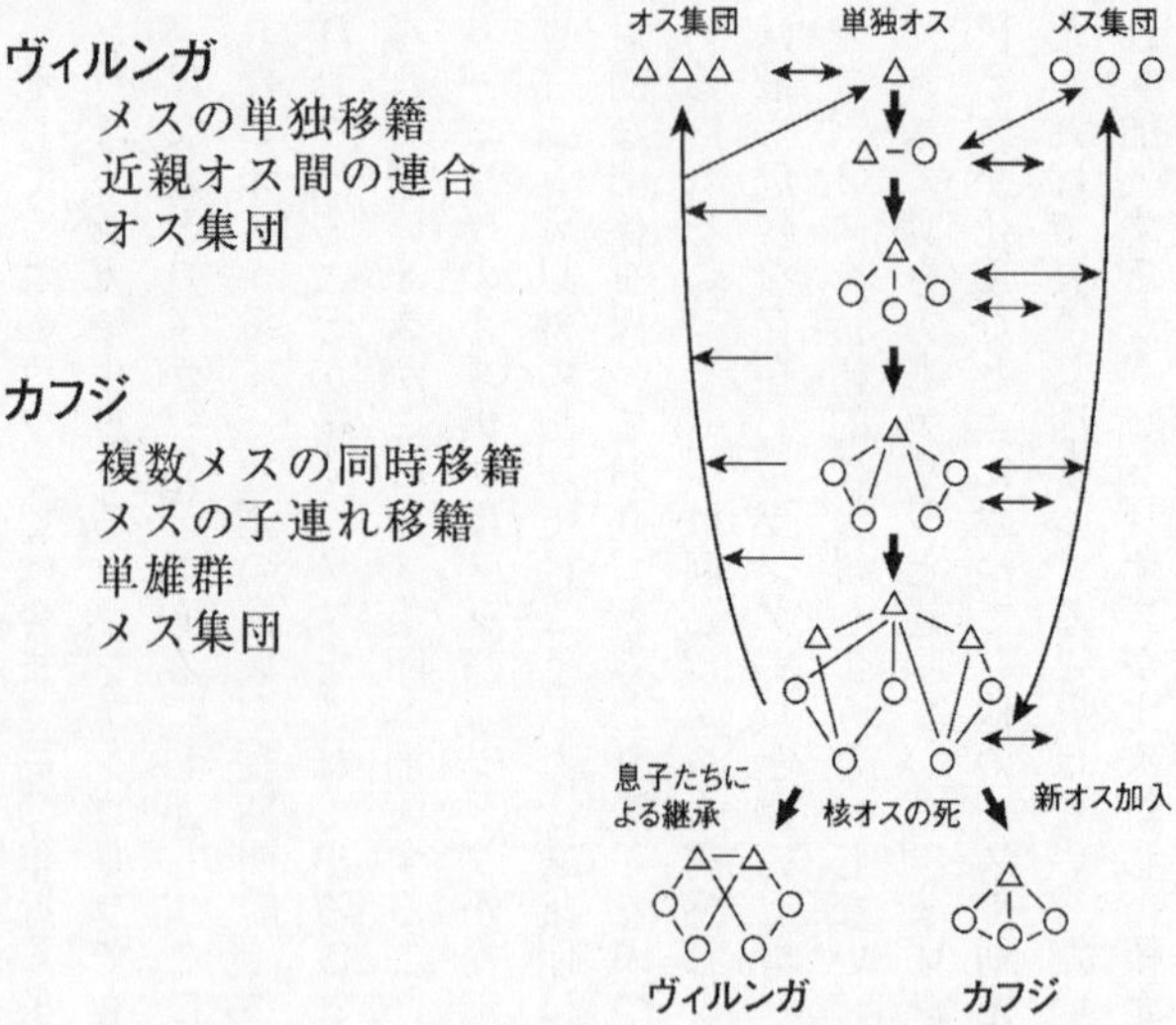

ヴィルンガとカフジのゴリラの集団編成

きはヴィルンガで頻発する子殺しの影響を強く受けている。そして、メスの動きによってオスたちの集合性にもカフジと大きな違いが出てくると考えられるのだ。

　ヴィルンガでは一九六〇年代からオスによる子殺しが知られていた。一九六七年から一五年間にわたって三―四群のゴリラを人付けして調査したフォッシー（霊長類学者）は九例の子殺しを記録している。たかだか一〇〇頭ぐらいのゴリラの間で起こっているのだから、大変な高率である。複数のオスを含む群れはシャラー（動物学者）が調査を行った一九五九年から知られていて、四頭のオスを含む群れも観察されている。

子殺しの犠牲者はすべて一歳以下の乳児で、一例は生まれたばかりの新生児だった。殺害者はメスと思われる一例を除くと、すべて犠牲者の父親とは思われないオスだった。死因は咬み傷や打撲傷によるもので、頭、胸、鼠径部がはなはだしく破壊されていた。母親たちは死んだ赤ん坊を三日以内に置き去りにし、数カ月以内にその群れを離れている。二頭の母親が殺害者のもとへ移籍し、そのオスと交尾をして出産している。その後、ワッツ（霊長類学者）はヴィルンガで新たに起こった七例の子殺しを報告しているが、これらは核オスの死後、メスが乳児とともにヒトリオスや他の群れと出会った際や、移籍した後に起こっている。犠牲者は一―三歳の幼児で、移籍先で子どもを殺された母親はその群れにとどまる傾向があった。

子殺しに対するメスの戦略

つまり、ヴィルンガではオスの子殺しを怖れてメスは乳児や幼児を連れて群れを離れようとはしない。子どもを守れるのは核オスだけで、その力が弱まるとヒトリオスや他の群れとの出会いの際に殺される危険がある。だから、メスだけの集団もつくれない。メスが他のメスといっしょに移籍しないのは、メスが移籍先で優先的に新しい核オスと親密な関係を築きたいからだ。オスは新しいメスの加入を歓迎する。しかし、他のメスがいっしょに加入すれば、オスの関心を確実に自分へ向けることができなくなるというわけである。

そして、メスはさらに大きな保護を求めて複数のオスがいる群れへと移籍する。複数のオスのほうが防衛力が増すし、たとえ核オスが死んでも、ほかのオスがいるので子殺しに会う危険が減じられるからと思われる。父親と息子が共存している群れではメスをめぐる競合が顕在化しにくい。父親は息子の交尾を容認することがよくあり、老境にある父親は格段に寛容になる。血縁関係のあるオスたちは協力してよそのオスにメスを奪われまいとする。若いオスは群れを出て単独生活をしながらメスを探すより、父親のいる群れに残るほうが若くして繁殖に参加できるので、その結果複雄の構成をもつ群れが増加する。こうして、成長期にオスは年上のオスたちと共存する術を学び、血縁関係のないオスどうしでもオス集団で共存できるようになる。これが、ヴィルンガで複雄複雌群が多い理由と考えられるのだ。

ゴリラの子殺しがオスの繁殖戦略として進化した性質かどうかは定かではない。たしかにゴリラはハヌマンラングールと同じように単雄複雌群をつくる。しかし、ゴリラの群れはメスが移籍する非母系の性質をもっている。核オスは外来のオスに追い出されることはないし、子殺しはメスの移籍を促進するためにかえってメスとの繁殖機会を失う結果となることもある。そもそも子殺しはオスの繁殖する機会が短期間に限られている場合に起こる現象である。ゴリラのオスはたとえヒトリオスになっても、ひとたびメスを得て自分の群れを構えれば死ぬまでそれを維持できる。どの地域にも老齢のヒトリオスが見当たらないのはその証拠である。ゴリラのオスが子殺しをしてまで繁殖機会を増やす必要があるとはとても思えないのだ。

おそらく子殺しは、ゴリラのオスの潜在的な行動としてふだんは抑えられているに違いない。ヴィルンガで起こった子殺しを見ても、ある時期に集中して起こる傾向がある。オス間の競合が高まった際に抑制が外れ、メスの発情を早める手段として流行のように広がるのではないだろうか。そして、いったん子殺しが起こるとメスたちはそれを防ごうとして行動を変える。どこのゴリラにも共通な、メスが集団間を移籍して繁殖するという性質を変えずに、移籍する際の同伴者や移籍先を変化させたのである。それが結果としてオス間の関係を変え、血縁関係にあるオスたちが集団内で共存して繁殖に従事するようになった。

カフジとヴィルンガでメスの初産年齢や新生児死亡率、出産間隔といった繁殖成績を比較してみると有意な差は認められなかった。ヴィルンガでは子殺しが新生児死亡率の三七パーセントを占めているにもかかわらず、差は出なかったのである。これは、ヴィルンガで子殺しの影響を最小限にとどめようとする働きがあったことを示唆している。マウンテンゴリラのポピュレーション（複数の集団が互いに接触をもつような地域的なまとまり）では歴史的に子殺しが頻発するような事件が何度もあったのだろう。それに対処する方法としていくつかの行動変化が連鎖的に起こり、ある社会型に落ち着くというようなことが経験として組み込まれているのかもしれない。それがすでに遺伝的プログラムとしてあるとはとても思えないからである。

重要なことは、人間に近い類人猿の社会でもオスの暴力が幼児にまで及ぶことがあるということだ。それを未然に防いだり、起こりにくくしたり、影響を小さくするような対策は種によって異なっている。おそらく人間の社会でも似たことが起こってきた可能性がある。では次に、霊長類ではどういう子殺し防止対策が講じられているかを見てみることにしよう。

子殺しが起こりにくい条件

ヴァン・シャイク（デューク大学の霊長類学者）は、哺乳類でこれまでに知られている子殺しの例を集め、子殺しが起こりにくい条件として次の四つを挙げている。

一つ目は、メスが出産後すぐに交尾をして妊娠できるような性質をもっている種。赤ん坊に授乳していても発情し、交尾できるならば、オスは赤ん坊を殺して発情を早める必要がないからである。二つ目は、子どもが早熟で、出産後すぐに自分で逃げて身を隠す能力をもっている種。三つ目は、たとえ子殺しの結果メスが数日後に発情したとしても、そのメスと確実に交尾する機会がもてない種。広域に散らばって遊動したり、とてつもなく大きな集団で暮らすためにそのメスと出会いにくい場合などがこれにあたる。四つ目は、交尾季が一年のある短い時期に限定されているような種。子殺しをしてもメスが次の交尾季まで発情しないのなら、その効果は期待できないからだ。

霊長類では最初と最後の条件に当てはまる種がある。夜行性で木の洞などに巣をつくり、その中で子育てをする原猿類と、複数のオスや年上の兄弟姉妹が子育てに参加するタマリンやマーモセットは、メスが出産後すぐに交尾する特徴をもっている。これらの種では子殺しが報告されていない。子殺しはもっぱらメスが子どもを抱いて運び、授乳期間中に発情しないような種に限られているのである。ただ、よく調べてみると、子育ての方法と出産直後の発情という二つの特徴のうち、後者のほうが子殺しの有無と強く相関しているようだ。つまり、メスが授乳期間中に発情しない種で子殺しが多く起こっており、子殺しはメスの発情を早めようというオスの戦略が反映されていると予想できる。

交尾季をもつ霊長類は季節的な環境に暮らす種が多い。季節性には寒暖と乾湿があってニホンザルのように春夏秋冬の季節をもつ種と、パタスモンキー、サバンナモンキーのようにアフリカの乾燥域で雨季と乾季を経験する種がある。いずれも明瞭な交尾季と出産季があり、子殺しはほとんど報告されていない。ほとんどというのは、ニホンザルでわずかに子殺しの例があるからだが、これも長いニホンザル研究の調査史からみれば、無に等しい数字である。マダガスカル島に生息するワオキツネザルは一年のうちでわずか二、三日しか交尾をしない。こういったサルでは子殺しをしてもメスの発情を早める効果が期待できないので、子殺しは起こりにくいと考えられる。事実、これまでに長期間の研究が実施されているのにもかかわらず、子殺しはほんのわずかしか報告されていない。

子殺しが起こりやすい条件

もし、子殺しが自分の子孫を確実にたくさん残そうとするオスの繁殖戦略だとすれば、メスが子殺しを防ぐには二つの対抗手段が考えられる。まず、多くのオスと交尾をして、どのオスにも生まれた子どもが自分の子孫であると思わせればいい。あるいは、特定のオスとだけ交尾をして、そのオスに自分の子孫である子どもを守らせる。前者は複雄複雌の群れをつくる社会で、後者はペアでなわばりを構える種があてはまると言われている。

複雄複雌の群れで暮らす種では、メスが性皮を腫脹させたり、特有のラブ・コールを高らかに鳴いて複数のオスを引きつけることがよくある。優位なオスが優先的に発情したメスと交尾できるが、複数のメスが一斉に発情したら、とてもすべてのメスと独占的に交尾することはできなくなる。だから、複雄複雌の群れをつくる種でメスが一斉発情するような種は最も子殺しが起こりにくいと考えられる。しかし、実際は複雄複雌の群れをつくるアカゲザル、サバンナヒヒ、チンパンジーで子殺しが起こっており、複雄複雌でメスが一斉に発情する傾向のあるアカコロブスでも子殺しが観察されているのである。これらの事例を考慮すると、乱交的な交尾や一斉発情は子殺しを防ぐ手段としてうまく機能しているとは言えない。

一方、ペアでなわばりをつくるメガネザルやテナガザルなどの種では、たしかに子殺しが報告されていない。メスが特定のオスと持続的な連合関係を結び、すべてのオスがメスと繁殖の機会を与えられれば、オスは子殺しをしてまでメスを獲得しようとする必要はない。しかし、この条件は非母系の単雄複雌群だって満たしている。ゴリラではオスが複数のメスと群れをつくるにせよ、メスが移籍するのですべてのオスがいずれ繁殖する機会を得られる。しかも一度群れをつくれば、外来のオスに追い出されることはないのだからメスの獲得にやっきとなる必要はないと思われる。しかし、マウンテンゴリラでは子殺しが頻発するのである。おそらく、ゴリラのメスの授乳期間が長く、この間に交尾ができなくなることが子殺しを引き起こしやすい原因になっていると思われる。

子殺しはオスとメスに体格の性差がはっきりしている種で、とくに単雄複雌の構成をもつ社会で頻発する可能性がある。おそらく、それは子殺しがオスの攻撃性と強く相関しているからだ。単独生活者やペアの群れをつくる種は体格上の性差がない。オスたちが熱心に子育てをするタマリンやマーモセットも雌雄でほとんど体格差がない種である。これらの社会ではオスとメスが対等の力で対峙し、協力し合う。こういった種にはオスがメスの行動や生理状態を変えてまで交尾をしようとする傾向が見られない。

今までに子殺しが多く観察されているのはハヌマンラングール、ゴリラ、ホエザルと、いずれも単雄複雌の群れをつくる種である。こうした社会で、群れが乗っ取られて新しい核オスができたときや、核オスが死んでメスが別の群れへ移ったときなどに、子殺しが集中して起こるのである。

チンパンジーの子殺し

こういったことから推測すると、子殺しをするオスたちは新しい交尾相手と出会ったとき、そのメスの発情を強制的に早めようと暴力を用いるのではないかと考えられる。しかし、子殺しは他のオスの子どもを排除し、自分の子どもを残すための確実な繁殖戦略とはなっていない。メスに対して優位に立てるオスが、メスの発情を引き出そうとして力を行使した結果、最もたやすく効果的だったのが子殺しだったというわけだ。それがメスやオスの繁殖成績を極端に低下させなかったために、淘汰されることがなかったのではなかろうか。それが、種によって、あるいは種内でも地域によって子殺しが頻発することがある理由と考えられる。

こう考えれば、複雄複雌群で暮らし、メスが乱交的な性交渉を結ぶチンパンジーにも子殺しがよく起こることを理解することができる。

チンパンジーは昔から野外でよく調査されている種だが、今までにタンザニアのマハレとゴンベの二つの国立公園、ウガンダのブドンゴ森林の三カ所で子殺しが報告されている。とくにマハレとゴンベで多く、いずれも乳児が犠牲となっている。殺害者がオスであることが多いという特徴も他の種と似ているが、犠牲者が食べられてしまうということと、オスの乳児がよく殺されるという点が他とは異なっている。

チンパンジーはオスがよく小型の動物を狩り、肉食をすることで知られている。そのため、子殺しはオスが肉食に対する嗜好を異常に高めた結果だとか、殺害者のオスにとって将来の競合者となるオスの幼児をあらかじめ排除しようとする繁殖戦略だと解釈されてきた。しかし、チンパンジーはオスが群れを出ない父系社会なので、殺された子どもは殺害者の子孫でないにしても兄弟の子孫である可能性が高い。ここが繁殖戦略としては理解に苦しむところである。

だが、子どもを殺されたメスは最近群れに加入してきて、オスにとってはまだなじみの少ないメスであることが多い。マハレで起こった事例を分析した浜井美弥（霊長類学者）たちは、チンパンジーの子殺しは高順位のオスの威嚇ディスプレイの結果として起こることに注目した。メスの関心を自分に引きつけ、独占的な交尾関係を結ぼうとする優位なオスの努力の現れだというのである。チンパンジーは乱交的な交尾をするが、優位なオスはなるべくメスを自分のもとにとどめ、他のオスを排除して交尾を独占しようとする。他のオスは力で排除できるが、メスの関心を引きつけるのはなかなかむずかしい。その気になれば、メスは好むオスと雲隠れしてしまうことだってできるからだ。子殺しは、そういうメスを強制的に引き寄せる手段になっているというわけである。

チンパンジーの子殺しがオスの新しい交尾相手を占有しようとする暴力的な行為だとすれば、それはゴリラやハヌマンラングールとも共通の特徴をもっている。彼らの社会でも群れに社会変動が起こった際、オスが新しい交尾相手と関係をつくろうとしている過程でよく起こるからだ。どうやら、霊長類の子殺し行動は、メスが出産後になかなか発情を再開しない種で、メスより格段に体の大きなオスがメスの発情を回復させて独占的な交尾関係をつくろうとする過程で起こる、と推測できる。

子殺しが起こらないボノボの社会

だとすれば、子殺しを防ぐためにはオスとメスの性差をなくすか、メスが出産後すぐ発情を再開するようになればいい。面白いことに、チンパンジーに近縁なボノボはこの二つの対策を進化させてきたと思われるのである。ボノボはチンパンジーよりも体格の性差が小さくなっており、オスが常にメスより優位とは限らない。メスはオスの目の前で平然と食物をとるし、オスに食物の分配を要求したりする。コンゴ民主共和国のワンバ森林で長年にわたってボノボの調査をしてきた加納隆至（霊長類学者）によれば、オスが母親に頭の上がらないマザコン社会であるという。オスどうしの争いに母親が介入し、オス間の優劣も母親どうしの関係で決まるというのである。ここではまったく子殺しが観察されていない。

さらに、ボノボのメスは出産後一年以内に発情を再開するという特徴をもっている。出産間隔は約五年と長いのだから、授乳が排卵を抑制していることはたしかだ。発情だけを授乳中に起こさせるという生理的な変化は、ひょっとしたらオスの子殺しを防止する対策として進化してきた可能性がある。ボノボとチンパンジーのメスの発情を比較した古市剛史（霊長類学者）は、メスが周期的に発情する長さやオスと交尾する頻度は両者であまり変わらないのに、ボノボは出産後すぐに発情するためにチンパンジーの七倍も長い期間発情することを指摘している。これはオス間の性的競合を減らし、子殺しによる影響を無効にしてきた可能性がある。

ところで、類人猿の非母系社会で子殺しが起こった場合、それは血縁のオスどうしの連合を強化させる傾向があるようだ。子殺しの起こるマウンテンゴリラの社会では、子殺しのない他のゴリラの社会に比べてメスが複数のオスを含む集団へ好んで移籍する傾向がある。子殺しのあるチンパンジーの社会は、子殺しのないボノボの社会に比べてオスがよく集まっていっしょに行動する傾向がある。ゴリラでもチンパンジーでも、これらの連合するオスたちは血縁関係にある親子や兄弟である。

安易な類推は差し控えるべきだが、初期人類の社会も類人猿と同じような背景のもとに進化してきた可能性がある。現在の人間の体重における性差はチンパンジーにほぼ等しいが、三五〇万年前のアウストラロピテクス・アファレンシスはゴリラ並の大きな性差をもっていたらしい。現代人に向かって人類の祖先はしだいに性差を縮め、男どうしの競合を軽減してきた可能性がある。現代の多くの社会で、出産後のある期間、性交渉が禁じられているが、それはだいたい一年以内である。しかも年子が生まれることからもわかるように、出産後まもなく性交渉が行われ、それが妊娠に結びつくこともまれではない。おそらく年子が産めるようになったのは、母親が仲間の協力の下に手のかかる子どもを何人ももてるようになったからだと思われるが、そのきっかけは別の理由によるのかもしれない。オトコによる性的競合によって暴力が子どもへ向けられることを防ぐために、オンナが性的許容度を高めたのかもしれない。それは、結果として人間の性差を縮め、性交渉を日常化させ、男たちが血縁内で結束する社会をつくった。そう考えるのは推測が過ぎるのだろうか。

オスが殺し合うとき

単独生活者とオス、メスがペアで生活する種を除いて、霊長類のオスはメスよりも敵対的な抗争に巻き込まれることが多い。これは霊長類がペアよりも大きな集団で生活するようになった際、ほとんどの種でオスがメスよりも大きな体格や武器になる形質を発達させたツケである。しかも、妊娠、出産、授乳と発情が抑えられるメスと違い、オスは常にメスの発情に応えて発情できる能力をもっている。この生理的な違いが、オス間に交尾相手をめぐる強い競合を生み出すことになった。それがときには、相手を殺傷するほど激しい闘争に発展することもあるのだ。

ゴリラのオスどうしは、出会いの際に胸を叩いて、互いにぶつかり合うことなく別れるのがふつうである。しかし、メスが一方のオスから他方へ移籍するそぶりを見せると、よく熾烈な闘いが起こる。私はオスの闘いを目撃したことが何度かあるが、互いに組み合って長い犬歯を相手の頭に突き立てようとすることが多かった。オスたちは、頭、肩、胸、わき腹に大きな傷を負った。何日も体を満足に動かせないほど重傷を負ったオスもいる。私が二年近く追跡し続けたゴリラのヒトリオスは悲惨な最期を遂げた。メスを求めてある群れに接近した際、その群れにいた三頭のオスに襲撃されて体中を深く咬まれ、それがもとで息絶えたのである。現場を目撃した人はいなかったが、オスの犬歯だけでなく、メスの犬歯で咬まれた跡もあったというから、群れの総攻撃を受けた可能性もある。オスにとっては他のオスだけが敵とは限らないのだ。フォッシーは、ヴィルンガで集めたオスの頭骨の大半に傷があり、犬歯が折れたり欠失していたと報告している。

群れから群れへ渡り歩くニホンザルのオスにとっても、闘いによる危険は決して小さいとはいえない。鹿児島県の屋久島にある照葉樹林には、ニホンザルが二〇頭から五〇頭の比較的小さな群れをつくって暮らしている。春や夏は虫や鳥の声だけが響くこの森は、秋の交尾季になるとオスたちのほえ声や叫び声でにわかに騒々しくなる。あちこちでオスどうしのけんかが起こり、毎日のように血を流しているオスを見かけるようになる。ときには鼻をざっくりえぐられていたり、頭骨まで達する損傷を負っていたりする。屋久島でニホンザルの骨格標本を収集した黒田末寿（霊長類学・人類学者）は、オスの七四パーセントに骨折の跡があり、これがオスどうしの闘いによるものだと推測している。

攻撃されて負傷したニホンザル

チンパンジーのオスどうしの執拗な攻撃

チンパンジーではオスどうしの闘いはもっと苛烈さを増す。ゴンベ国立公園にはカセケラ、カハマという二つの人付けされた群れがあったが、あるときカセケラのオスたちが繰り返しカハマの遊動域に侵入し始めた。そして、次々にカハマのオスたちを集団で攻撃していったのである。度重なる執拗な攻撃で重傷を負ったオスたちは、だんだんと姿を消していき、ついにはカハマのオスはすべて消失してしまった。ほとんどのオスは死亡したと考えられている。オスが全滅すると同時にカハマ群も消滅し、メスはカセケラに移った。カセケラのオスは隣接していた群れのオスを殺害して新たな生息地とメスを手に入れたわけである。

同じようなオスの集団攻撃はマハレ国立公園でも知られている。ここにはMとKと呼ばれる群れがあったが、あるときMのオスたちがKの遊動域に侵入するようになり、Kのオスたちを襲い始めた。Kのオスたちは次々に消失し、メスたちもMへ移るようになって、数年後にK群は消滅した。この場合も、Kのオスたちは襲撃の際に負った傷がもとで死んだと推測されている。マハレでもゴンベでも、ときどきオスたちが徒党を組んで、隣接群との境界域を音もなく歩きまわることがあるという。これはパトロールと呼ばれる行動で、隣接群のオスが侵入していないかどうか警戒し、他集団のオスを見つけて襲おうとしているらしい。こういう緊張をはらんだ状況では、チンパンジーのオスが独りでいるのは自殺行為である。オスたちがよくいっしょに行動するのは、他群のオスたちの襲撃に備えるためという理由もあるのだ。

チンパンジーは群れの中でも激しい闘いをすることがある。マハレでは最優位のオスが下位のオスの連合に負けて追い出されたことがあった。このオスはしばらく独りで過ごした後、オスたちの同盟関係の混乱に乗じて復帰したが、あるときオスたちの一斉攻撃を受けて重傷を負い、その傷がもとで死亡した。これらのオスたちは血縁関係にあるはずなのに、死に至るほどの闘争を引き起こしたのである。

オランダのアーネムにあるブルガー動物園で観察された闘争はもっと陰惨である。ここには広大な放飼場に複数のオスとメスが暮らしており、三頭の成熟したオスが互いに同盟関係を変えて政治的なかけひきを繰り広げていた。三頭のオスは何度も決定的な闘いに陥りかけながら、互いに抑止したり、メスが仲裁に入ったりしてその危機を逃れていた。しかし、ある朝一頭のオスが体中に咬み傷を負って虫の息でいるのが発見された。そのオスは間もなく息を引き取ったが、睾丸が無残にも引き裂かれて失われていた。間違いなく、他の二頭のオスが結託してこのオスを殺したものと思われる。これらのオスは動物園でいっしょにされているので血縁関係はない。しかし、それまでまがりなりにも血縁のオスたちのように和解行動を駆使して共存してきたのである。この事例は、昨日の友は今日の敵に変わり得る緊張した世界に、チンパンジーのオスたちが暮らしていることを示唆しているのかもしれない。

最近でも、ウガンダのキバレ国立公園のチンパンジーのオスが集団間で激しい争いを繰り広げていることが報告されている。この場合もオスは体中を咬まれ、とくに睾丸に致命的な傷を負っている。乱交社会に生きるチンパンジーにとって、大きな睾丸は繁殖力の高さの証明なのだが、それがオス間の攻撃の的になるのかもしれない。ちなみに、睾丸の小さいゴリラがオスどうしの闘争で睾丸を負傷したという話は聞いたことがない。

闘争本能は存在するか?

ここではオスたちの暴力を材料に人間の世界に言及するのはやめておこう。あまりにも暗い話になりかねないからだ。それほど人間には暴力の種は尽きず、その規模も大きい。しかし、現代人間社会の多岐にわたる暴力は、ゴリラやチンパンジーの攻撃性を単純に受け継いでいるわけではない。かつて動物行動学の父ローレンツは人間の攻撃性は動物から受け継いだ本能であり、それを人間は武器の発明によって制御することの不可能な規模まで拡大してしまったと説いた。しかし、その考えは間違いである。人間が動物から受け継いだ攻撃性はおそらく食物と性的な関心にもとづく競合に由来するものであり、戦争につながるような冷徹な政治的策略とは別物だからだ。

かつて人類学者のダートは、南アフリカで発見されたアウストラロピテクスの頭骨に人為的に壊された痕があり、殺人と食人の風習があったのではないかと主張したことがある。劇作家のアードレイはこれを人間の集団どうしが戦った証拠と見なして、戦争のような大規模な攻撃までも本能に由来する行動と主張した。後に、その痕は洞窟が崩れて石が化石の上に積み重なってついたものであり、他の頭骨についた傷もヒョウやワシなどの肉食動物によってつけられたことが判明した。一七五万年前、人類は動物に襲われる犠牲者だったのである。しかし、狩猟と戦争を人間の本能とする考えは今でも根強く残っている。

ダートとアードレイが戦争を人間の本能と結びつけたのは、第二次世界大戦の直後の一九五〇年代である。当時、戦勝国のアメリカでは多くの人々が戦いによって一般市民を殺傷したことに悩んでいた。日本に原子爆弾を投下したことも心に大きな傷を残した。そこで人々に光明を与えたのが戦争本能説である。「戦いは昔から人間とともにあり、究極の平和解決の手段であった」とするこの説は、人々を戦争を肯定するような考えに導き、犠牲者の痛みを思う気持ちを軽減させた。アメリカの歴代の大統領はずっと戦争は平和のために必要と唱えているし、核兵器の廃絶を訴えてノーベル平和賞を受賞したオバマ大統領も例外ではない。そして今や、多くの国の指導者が戦争は避けられない人間の営為だとして、それを有利に進めるために武力を増強し、戦略を練っている。

しかし、それは根本から間違っている。そもそも戦争を本能とみなしたのは、人間どうしの戦いが狩猟活動に由来するとみなしたからだ。スタンリー・キューブリック監督の「二〇〇一年宇宙の旅」という映画は、アードレイの仮説を下敷きにしている。映画の冒頭に「夜明け前」というシーンがあるが、そこで狩猟から戦いへという人類進化のドラマが演じられるのだ。まだ人類が道具を知らなかった時代、アウストラロピテクスとおぼしき猿人のオトコがサバンナに立っている。そこへ天から漆黒の直方体（モノリス）が猿人の目の前に降り立つ。モノリスによって霊感を与えられた猿人は、そばに転がっていたキリンの大腿骨に目を留め、それを手にして振ってみる。これは狩猟に役立つ、と気づいた彼は、それから実際にこの棍棒を使って狩りを成功させる。しばらくして、英雄になった彼が率いる猿人の集団が水場で他の集団に出会う。乾いたサバンナでは、水場は貴重で集団間の争いの種になっている。そこで彼はふと手にした棍棒に目をやる。これは相手が人間でも使えるかもしれない。そう気づいた彼は棍棒を武器にして他の集団を水場から追い払うことに成功する。

そして、勝利の雄たけびとともに、その棍棒が空に放り上げられ、それが細長い宇宙船となって暗い宇宙に浮かぶ、というのがこの映画のプロローグなのである。棍棒はその象徴で、人類は狩猟で高めた闘争本能を武器によって人間どうしの戦いに発展させた。それが人間の原罪であり、戦争によって地球が滅びようとしているであろう二〇〇一年に、その罪が神によって裁かれるであろうというのがこの映画のストーリーなのだ。この説は、この映画が作られた一九六〇年代の定説だった。一九六六年にシカゴで開かれた狩猟採集民をテーマにした人類学者のシンポジウムでも、狩猟採集民の攻撃性が高いのではないかという質問がいくつも発せられている。霊長類学者も出席し、サルや類人猿との攻撃性の違いが論じられ、狩猟活動が人類の進化の原動力であり、戦いの発展にも大きな影響を与えているという議論があった。

しかし、一九七〇年代以降の先史人類学者の活躍で、これとは全く異なる人類進化のストーリーが明らかになった。約七〇〇万年前に、チンパンジーとの共通祖先と分かれてから、人類の祖先はずっとゴリラ並みの小さな脳でもっぱら植物性の食物を採集して暮らしていた。肉食が増えるのは二六〇万年前で、初めて登場したオルドワン式石器を使って肉食動物が食べ残した骨から肉を切り取ったり、骨を割って骨髄を食べていた。脳が大きくなり始めるのは二〇〇万年前で、狩猟具としての槍が出てくるのは五〇万年前である。しかも二〇万年前に現代人ホモ・サピエンスが登場するまで、集団猟で大型の獲物を捕らえるようなことはできなかったと考えられている。狩猟は人類進化を牽引したエンジンではないのだ。さらに、集団間の戦いの証拠が出てくるのは約一万年前の農耕の出現以降であり、日本では弥生時代からである。それらの戦争も、負傷し殺害された者のほとんどは男であり、相手の集団を抹殺するほど激しいものではなかったと考えられている。そんな短い間に戦争本能などという性質が遺伝的に固定するはずはない。人間の闘いはつい最近まで類人猿と同じように、性的なトラブルに端を発することが多く、未然の抑止や第三者による調停が可能なものだったに違いない。最近ネイチャー誌に掲載されたゴメス（人類学者）の論文では、全哺乳類の八〇パーセントに上る科を対象に、種内の暴力によって死亡した割合を系統的に比較している。哺乳類全体での死亡率は〇・三パーセントで、三〇〇〇個体のうち一個体しか暴力によって死亡していない。それが霊長類とネズミやウサギの共通祖先になると一・一パーセント、霊長類とツパイの共通祖先になると二・三パーセントに跳ね上がる。その理由は、哺乳類、とりわけ霊長類が集団で連合を組んで暮らし始めたことにあるという。集団どうしがなわばりを構えて対立し、集団どうしの争いや集団内のトラブルが増えた結果であろうというのだ。ただ、面白いことに類人猿の共通祖先では一・八パーセント、ホモ・サピエンスの祖先も二・〇パーセントと、他の霊長類と変わらない。それが急激に上昇するのが新石器時代で、とくに三〇〇〇年前の鉄器時代以降になると一五―三〇パーセントにも上るのである。そして、地域や時代によってその比率が大きく変動する。この結果は、まさに人間の暴力や戦争が新石器時代以降の文明によって極端に増加してきたことを示している。人間は決して暴力を用いて平和や秩序をつくる社会的動物ではない。戦争本能論は政治家にうまく利用され、ナショナリズムという幻想をあおり、平和への解決を間違った方向へ導く結果になっている。世界中で大小の戦争が繰り広げられる現在、それを心に深く刻む必要があると思う。

ただ、人間の戦いもオス間の競合に由来するものであることは深く胸に刻んでおく必要がある。人間の男による暴力も、類人猿のオスのような事情が背景となっていたり、類人猿と同じような社会の変容をもたらす可能性があるからだ。それをわれわれは彼らの事例から学び、人間のもつ特性に合った対策を講じることができるかもしれない。類人猿の社会のほうが人間より、オスの暴力を未然に防げていることがあるからである。

第七章　オトコの進化、男の未来

オスからオトコへ

これまで人間以外の霊長類のオスがどういう性質を共有しているか、進化の過程でどんな特性を発達させてきたかを見てきた。夜行性で単独や雌雄のペアで暮らすのは、霊長類としては古い生活様式で、こういった種はオスとメスの体格に差がないという特徴をもっている。おそらく、単独生活やペアの時代はオスがメスと対等に付き合うことができたのだろう。昼間の明るい世界へ進出し、大きな集団をつくるようになって、霊長類のオスはメスより体格が大きくなった。

これがさまざまなトラブルを生む原因となった。メスに頼られたオスは進んで外敵の防衛に当たり、互いに力で張り合うようになった。オスが複数のメスと常にいっしょに暮らすようになって、オス間に不平等が生じるようになった。単独で暮らしたり、オス集団に参加したりして、繁殖に参加できないオスができ始めたのである。さらに、集団内でもオスが互いの優劣にしたがって行動を抑制するために、メスへの接近権をめぐってオス間には大きな差が生じた。これらの不平等からくる軋轢《あつれき》をどう解消するかが、集団生活をする霊長類のオスに与えられた中心課題となった。

定式化された派手なディスプレイ、仲直りのための和解行動、けんかを仲裁する行動、父性行動のように見える子どもたちとのつきあい、暴力を用いたメスのかり集めや、子殺しなどは、オスたちがこれらの課題を解決するために生み出した手段や副産物だった。どういった行動を発達させ、それをどう組み合わせてきたかは種によって異なる。そこにはそれぞれの種が歩んできた進化の歴史が反映されている。では、われわれ人間の男の祖先はどういったオスの特徴を受け継いだのだろうか。ここで、男の祖型、すなわちオトコたちの進化の物語を推理してみたい。

今のところ、初期人類の化石証拠はわずかなことしか伝えていない。それは、人類の祖先がアフリカの類人猿（ゴリラ、チンパンジー、ボノボ）との共通祖先から分かれた直後に直立二足歩行をはじめたこと、今の類人猿並みの脳をもち、今の人間のように比較的男女の体格差が小さかったり、ゴリラのように性的二型の大きい体をした種がいたことである。また、彼らは森林とサバンナが組み合わさったような環境に暮らし、まだ完全にサバンナに進出していなかったことがわかっている。分岐の時期はおそらく六〇〇―七〇〇万年前の中新世末期である。人類の祖先が脳容量をわずかに増やし始めたのは二〇〇万年前のホモ・ハビリスからで、この時代より少し前の二六〇万年前に初めて石器が見つかっている。初期人類は、今の類人猿のような知能で、少なくとも四〇〇万年間も暮らしていたということになる。その間に変化したことと言えば、犬歯が縮小し、臼歯や体格上の性差が大きくなったり、小さくなったりしたことぐらいである。この気が遠くなるような時間を、小さな脳の彼らはいったいどのように過ごしていたのだろうか。

私は、この時代に初期の人類がほとんど変化せずに暮らしていたというのではなく、非常に重要な小さな変化を積み重ねていたのだと考えている。たとえば、臼歯の大きさの違いは食べ物が変化したことを示しているし、体格の男女差は社会の変化を示している。おそらく初期人類は森林からサバンナにかけて多様な環境に暮らしながら、適応的な食生活と社会生活を試していたに違いない。アフリカは人類誕生の舞台であるとともに、新しい環境へ向けて人類が旅立つ壮大な実験場だったのだ。それは、ホモ・ハビリスの出現後すぐに人類はアフリカ大陸を出て、あっという間にアジアの熱帯雨林へと分布を広げていることを見てもわかる。彼らはホモ・エレクトスと呼ばれ、石器を用いるばかりでなく、肉食の割合をだんだん増やして行動域を広げていた。ホーム・ベースという安全な場所を繰り返し利用し、おそらく食物の分配や分業を行っていただろう。八〇万年前には中国で最初に火を使用した跡が見つかっている。人類はわずか一〇〇万年の間にアフリカの熱帯雨林を出てアジアまで到達し、火を使用して分業にもとづく半定住生活を送るまでになっていたのだ。この急速な変化がその前の四〇〇万年間に用意されたのである。それはわずかな生態学的な特徴の変化と、それにともなう社会の改変だった。

その過程で、単なる類人猿の仲間だったオスは人類的な特徴を備えたオトコとなり、やがて現代の人間につながる男へと進化していく。それは、アフリカの熱帯林にはない多様な環境条件の中で生き抜く生存力であったし、とりわけ社会力であったはずである。なぜなら、同じ時期に森林からサバンナへ進出した哺乳類を見ると、ゾウ、バッファロー、キリンなどすべて大型化しており、肉食獣から防御する武器（牙や角）を発達させている。ところが、初期人類のオトコたちは比較的小柄で、唯一の武器の犬歯さえ縮小してしまっているからだ。おそらくオトコたちは身体の強さではなく、連帯して協力する力、すなわち社会力を強化したのである。

サバンナで暮らすために

人類の祖先が出現した時代は、地球規模の寒冷・乾燥の気候が何度も到来したと考えられている。それまでアフリカ大陸を広く覆っていた熱帯雨林は縮小し、広い草原に島状に浮かぶ小さな森となった。アフリカの中央部には大地溝帯と呼ばれる長い亀裂が南北に生じ、その西側に高山地帯を隆起させた。おかげで西から吹く湿った風は山岳地帯にぶつかって西側に雨を降らせ、東側に広大なサバンナをつくりだした。このサバンナがアフリカに特有な大型の哺乳動物と人類の祖先を生み出したと言われている。

コパン（先史人類学者）は、この大地溝帯を境にして西の熱帯雨林に類人猿、東のサバンナに人類が進化したという「イーストサイド・ストーリー」を提唱した。この説は、初期の人類がサバンナ起源ではないこと、熱帯雨林に人類の化石が見つからないと言っても、それが人類の祖先がいなかった証拠にはならないこと、などの点で疑問視されている。熱帯雨林の酸性土壌は動物の骨を溶かしてしまうため、人類ばかりでなく類人猿の祖先も見つかっていないからだ。ただ、人類の祖先が見つかっている場所から類人猿の祖先の化石は出土しない。現在の類人猿がほとんど熱帯雨林から出ていないところから見ても、初期の人類はより乾燥に強い能力を備えていたことは確かだろう。

直立二足歩行はその能力を証明する強力な証拠である。かつてこの歩行様式は、重い頭を支え、手を自由にするために発達した能力と考えられていた。しかし、初期人類の脳が小さく、複雑な道具も使っていなかったと言われるようになって、この考えは説得力を失った。かわりに登場したのが、二足歩行はエネルギー効率がよかったという説である。ロッドマンとマッケンリー（ともに人類学者）は、同じエネルギー消費量で人間の二足歩行はチンパンジーの四足歩行の約一・五倍の距離を歩けることを示した。このエネルギー効率は時速四キロメートル以下で歩くときに最大となる。つまり、直立二足歩行は長い距離をゆっくりと歩くときにエネルギーを節約できるという特性を持っているのである。

二足で立つという姿勢は、赤道直下の強い陽射しから受けるストレスを軽減する上でも効果的である。四足で地面にはいつくばる姿勢に比べて、直接陽射しを浴びる部分を最小にできるし、地表の放射熱から体を遠ざけることができる。つまり、直立二足歩行は人間が体毛を失って汗をかくようになった原因と同じく、日射による負荷を減らすことにあったとも考えられるのである。これらの特徴は、いずれも初期人類が直面した森林の断片化という事態に対する解決策として働いた。それまで森林を主な活動域としてきた人類の祖先は、乾燥化によって島状に孤立した小さな森林をいくつも渡り歩かなければ必要な食物を得られなくなったからである。直立二足歩行は初期人類がゆっくりと広い範囲を動き回ることを可能にした。しかも、それは森を出て直射日光にさらされる身体をストレスから救うことにも貢献したのである。八頭身の体型は、一八〇万年前のアフリカですでに完成されていた。ケニアで発見され「トゥルカナ・ボーイ」と名付けられた九歳の少年の化石がすでに現代人の体型をしていたからである。現代の男たちのすらりと長い脚と頑強な上半身は、オトコたちがサバンナで鍛えた能力の遺産なのである。

安全で快適な睡眠をとるために

ただ、もうひとつ問題が残っている。初期人類がどうやって危険な草原へ出て行ったかということだ。類人猿がサバンナに進出できなかったのは、主食とする果実が草原では得られないことと、肉食獣から身を隠すことができないためだ。分散して分布する果実を得るためには直立二足歩行が役立った。しかし、この歩行様式は敏捷さを犠牲にしているので、すばやく逃げるには不向きなのだ。草原を徘徊する大型の肉食獣から身を守ることができなければ、サバンナをわが物顔で闊歩するわけにはいかない。

私はゴリラのベッドを調べてみて、ゴリラでもこれがむずかしいことを知った。類人猿はどの種も毎晩新しいベッドをつくって眠る習性がある。つくり方が種を超えて共通なので、この行動は類人猿の共通祖先から遺伝的に受け継いだものであると思われる。ただ、オランウータン、チンパンジー、ボノボが樹上にベッドをつくるのに対し、ゴリラだけは地上にベッドをつくることが多い。このことから、体を際立って大きくしたゴリラは肉食獣を怖れてはいないと思われていた。

コンゴ民主共和国のカフジ山でゴリラのベッドの高さを調べてみると、たしかにどの季節でも、どの植生帯でも、どの群れでも、ゴリラは地上にベッドをつくることが多かった。しかし、あるとき核オスが死亡したことがあり、この群れではメスや子どもたちがこぞって樹上にベッドをつくりはじめた。やがて新しい核オスが加入するとメスたちは地上にベッドをつくるようになったが、子どもたちはなかなか地上で眠らなかった。子どもたちが新しいオスを信頼できる保護者として認めるまで、時間がかかったのだろうと思われる。

ゴリラのベッド

メスや子どもゴリラたちが地上にベッドをつくらなかったのは、ヒョウを怖れているからだ。体重二〇〇キログラムに達するオスゴリラが近くで目を光らせてくれなければ、彼らは安心して地上で夜を過ごせないのである。オスでさえヒョウに襲われて命を落とすことがあるのだ。チンパンジーはゴリラよりも乾燥した地域で暮らしているが、樹木のない地域に進出してはいない。これは地上にベッドをつくれないせいであろう。肉食獣を避けて眠れる樹上の世界があることが、チンパンジーの生存にとって必要不可欠な条件なのである。

強大な力を誇るゴリラでさえ果たせなかったことを、その半分に満たないひ弱な体をした人類に可能だったとはとても思えない。ましてサバンナにはヒョウの何倍も手ごわいライオンやハイエナなどがうろうろしている。おそらく初期の人類は、これらの大型の肉食獣を避けるために夜は樹上にベッドをつくって休んだのだろう。今から四四〇万年前に生きていたアルディピテクス・ラミドゥス（ラミダス猿人）の腕はまだチンパンジーのように長く、指は枝にぶら下がるのに適したように長く湾曲していた。初期の人類は二足で立って歩いてはいたが、木に登る能力を捨ててはいなかったのである。

ひょっとしたら、メスや子どもたちを樹上に眠らせ、複数のオトコたちが地上で警戒していたのかもしれない。大きな集団は組めなかったはずだ。なぜなら樹上にベッドをつくるには枝や葉が必要で、島状になった小さな森林にはたくさんのベッドをつくれるほどの樹木がなかったと思われるからだ。しかも、ベッドは毎日つくり替えなくてはいけない。繰り返し利用すると、排泄物で汚れ、寄生虫の温床となるからだ。

このため、類人猿と同じように初期の人類も移動生活を余儀なくされたはずである。不思議なことに、人類はいつの頃か、このベッドをつくる習性を失くしてしまった。今の人間がつくるベッドは類人猿のベッドとは違う。何度も繰り返し使うし、一つのベッドに親子や夫婦がいっしょに寝たりする。おそらく人類はキャンプや家を発明したことにより、それぞれが個人のベッドをつくって休むことをやめたのだろう。それがいつの時代だったのかはわからないが、そのとき人類は外敵に対する防御を完成していたはずである。

オトコとオンナの分岐点

森を離れて地上で安全に休むために、初期の人類は集合性の高い大きな集団をつくらなければならなかった。外敵の危険が大きいとき、霊長類はまとまって大きな集団をつくろうとする共通の傾向があるからである。チンパンジーの群れではまとまりが悪いし、ゴリラの群れでは小さすぎる。おそらく、チンパンジーとゴリラの特徴を併せたような集団だったのではないかと私は思っている。草原にすむマントヒヒやゲラダヒヒも単雄複雌群がいくつも集まって大きな集団をつくる。初期人類も外敵に対する警戒と防御を強化するために、それに似た集団をつくっていた可能性が高い。マントヒヒやゲラダヒヒと違っていたのは、初期人類の集団がゴリラのように父子の血縁によってまとまり、チンパンジーのようにオトコどうしの連合が強かったことだろう。また、類人猿と同じように、オンナたちが自由に集団間を移籍するという特徴も受け継いでいたと思われる。これが人間家族の原型になった。

初期人類がこういった社会をもとにまず行った生活改変は、オトコとオンナの分業だったと思う。森と違って果実が広く分散しているサバンナでは、能力の違う者が常にいっしょに食物を探して歩けるとは思えないからだ。ゴリラは森のなかで同じ集団の仲間が常にいっしょに歩いているが、果実が不足すると樹皮や葉や草本の髄を食べるようになる。集団がばらばらにならないように、食性を変化させているのだ。チンパンジーは個体ごとに分散して採食することによってこの問題を解決しているが、外敵に対して安全な樹上の生活を捨てられない。初期人類は樹木の少ない環境でこの問題に対処するために、集団単位で分散することを始めたに違いない。

それは、オトコたちが広く歩き回って食物の豊富な場所を探し、後からオンナ、コドモ、年寄りたちが追いついていっしょに食物を食べる方法である。チンパンジーでも果実が豊富なときには、先に果樹に到着したオスが高らかに声を上げて仲間を呼び集めることがある。初期の人類はこの特性にほんの少し手を加えるだけでよかったのだ。

人類の発明は食物を採集する場所と食べる場所を分けたことである。類人猿はニホンザルのような頬袋をもたないので、食物をその場で食べなければならない。人類も類人猿と同様だが、頬袋のかわりに手が使える。二足歩行は長距離を歩くだけでなく、手に物をもって歩くという能力も備えている。手を用いて食物を運搬し、少しでも安全な場所で食べれば、それだけ自分も仲間も外敵に狙われる危険を減らすことができる。おそらく、最初は食物をちょっと移動させるだけだったと思われるが、しだいにオトコたちは食物をもって長い距離を運搬するようになったのではないだろうか。それがキャンプ地をつくるきっかけになったに違いない。キャンプを維持するには分業がかかせないからである。そして、その分業はオトコとオンナの間でまず始まったに違いないのである。

食物を採集する場所と食べる場所を分けたことで生まれた人間らしい特徴がある。それは想像力と仲間への信頼である。ゴリラもチンパンジーも食べ物がある場所でしか食べないし、分配もそこで行われる。食物を運搬することはめったにないのだ。直立二足歩行によって食物を手で運搬し始めた初期の人類は、食物が自然に生育していない場所で食べるようになったはずである。それは、その食物がどこで、どのような状態であったか想像をたくましくさせる。そして、食物を与えられる仲間は自分でその食物の安全を確かめるのではなく、仲間を信頼して食物を口に入れるようになる。やがて、安全な場所で食物の到着を待つ仲間たちは、どんな食物を持ってくるかを期待するようになり、食物を採集する仲間は待っている仲間の期待を頭に描くようになる。ここに、ゴリラやチンパンジーとは違った感性、すなわち仲間への期待と信頼が芽生えるようになったと思われるのだ。

狩猟がオトコにもたらしたもの

人類の最も古い生業活動が採集と狩猟であったことは疑いないだろう。この生業活動は自然にまったく手を加えずに、その環境に生育する生物を食物として摘み取る行為だからである。しかし、採集が個人単位でも行われるのに対して、狩猟にはたいてい複数のハンターの協力が必要である。まして強力な武器をもたなかった人類の祖先が獲物を捕らえるためには、緊密な協力関係が発達しなければならなかったはずだ。そう考えた人類学者たちは、人間の知性、好奇心、感情、そして基本的な社会生活に至るすべての特性が狩猟への適応の産物だと考えた。これは一九六八年に出版された狩猟採集民の行動に関する『マン、ザ・ハンター』という書物の中で、ウォッシュバーンとランカスターが述べた仮説である。しかし、この説はその後、各方面から激しい反論を浴びることになった。

まず、狩猟活動は実際には複雑なコミュニケーションなど必要ない。現代のハンターも饒舌なのは狩猟後に獲物について語るときであり、狩猟中は寡黙である。だいいち大声をあげたりしたら、獲物にすぐ気づかれてしまう。それに狩猟は人間だけが行う特異な活動ではない。多くの肉食獣や猛禽類《もうきんるい》は言うに及ばず、霊長類ではヒヒやチンパンジーが頻繁に狩猟を行う。なぜ彼らに人間のような特性が発達しなかったのかを狩猟仮説は説明できない。

さらに、「マン」という語からもわかるように、これは男中心の仮説である。狩猟仮説が登場した頃は、直立二足歩行が武器の使用によって発達したと考えられていた。武器を使用して狩猟をするのは男であり、得られた肉は子どもたちとその世話をする女たちのもとへと運ばれた。すなわち、男たちの狩猟技術が磨かれることによって、人類はより豊かで高度な生活を手に入れることができたと見なされたのである。

しかし、現代の狩猟採集民の生業活動は狩猟だけで成り立ってはいない。むしろ、女たちによる果実、種子、イモ類などの植物性食物によって日々の食生活が維持されている。女たちの協力や企画力がキャンプの運営を可能にしている。狩猟とそれに従事する男だけが進化の原動力になったという考えは間違っているというわけだ。たしかに、最近の知見によれば石器が用いられ始めたのは二六〇万年前、しかもそれは狩猟具ではなく、肉食獣が食べ残した獲物から肉を得るための食用ナイフだった。おそらく数十万年前まで、人類はもっぱら植物性食物の採集に依存して暮らしていたはずだ。狩猟を人類の進化史を通じた主要な活動と見なすことはできない。

だが、それでも私は初期人類にオトコとオンナの分業が起こっていただろうと思う。それは、チンパンジーの採食活動にすでにはっきりした性差が見られるからだ。チンパンジーは小型のレイヨウ類、ムササビ、サルなどの哺乳類を狩猟するが、大きな獲物を捕らえるのはオスだけだ。しかもオスの数が多いほど狩猟の頻度は多くなるし、成功率も上がる。

タンザニアのゴンベ国立公園でチンパンジーの狩猟行動を観察したスタンフォード（霊長類学者）は、数十頭の群れが多いときで一年間に約一トンの肉を消費したと推測している。狩猟採集民に比べると少ないが、肉消費の少ない民族には十分匹敵する数字である。コートジボワールのタイ国立公園では、オスどうしが勢子《せこ》と待ち伏せの役割を分担してサル（アカコロブス）を捕らえたことをボエッシュ（霊長類学者）が報告している。こういった協力は他の地域では観察されていないが、少なくとも複数のオスで狙えば獲物をしとめる確率が高くなることは共通している。一方メスは動物性タンパクをもっぱら昆虫食から得ており、とくに道具を用いてシロアリなどを釣る頻度はオスより多い。

チンパンジーの狩猟には、肉の分配も伴う。しかし、人間のように規則に従って分配されるわけではない。タンザニアのマハレ国立公園でチンパンジーによる肉の分配行動を分析した西田利貞（霊長類学者）は、オスが権力の維持に分配を利用することを指摘している。得られた獲物は誰が捕獲しようと、最優位のオスによって奪われてしまうことが多い。しかし、最優位のオスであっても肉を独占できるわけではなく、多くの仲間が周りに群らがって肉をせがむ。オスはこれらの仲間に少しずつ肉を分配するわけだが、その際相手を慎重に選んでいるというのだ。自分の地位の維持に協力してくれるオスの同盟者、発情したメス、自分の母親などである。決して自分の競争相手になるオスには分け与えない。こうしてオスは魅力的な肉を利用して、自分の権力を誇示し、仲間に贈り物をし、メスを引きつけようとしているのである。

人類のオトコにとって狩猟はそれほど頻繁な生計活動ではなかったかもしれない。しかし、狩猟に参加することによって、オトコたちは政治的に立ち回ることを覚え、オトコどうし、オンナたちとの関係を肉を用いた取引で調整する能力を身に着けたのではないだろうか。

男らしさの秘密

狩猟がオスの強靭な身体能力を駆使して行われ、獲得された肉が同性や異性への誇示になっているというのは示唆的である。もともと霊長類のオスには群れの防衛などで、メスよりも危険に立ち向かうという共通の性向があった。しかし、それが食物の獲得という領域で発揮されたことはなかった。肉食獣ではライオンの例を見てもわかるように、オスだけが積極的に狩猟をするわけではない。むしろメスのほうが巧みな狩りをする場合だってある。しかし、チンパンジーでは狩猟という本来採食活動だったものが、オスの社会的な行動として発現している可能性があるのだ。

草原の多い環境で暮らしていた初期人類のオトコたちにとって、たとえ植物性の食物でも肉食獣の多い場所で採集するには多くの危険が伴ったことだろう。しかし、獲得した食物を仲間で分配することによって採集者が特別な地位を与えられるなら、オトコたちは喜んで危険を冒したに違いない。人間の採集活動には常に仲間の食欲が反映されている。類人猿と違うところは、①自分の必要以上の食物を採集し、②それを仲間のもとへもって帰り、③仲間と分配し、④いっしょにそれを食べる、ことである。

人間はこのそれぞれの過程で自分の食欲を抑制しなければならない。当たり前のようだが、この抑制は人間以外の霊長類には至難の業なのだ。それが可能になるには、採食行動を社会行動として評価しなおすことが必要だった。初期人類は大がかりな狩猟を始める前におそらくそれをやり遂げたのである。前述したように、それは仲間への期待と信頼なしには行い得ないものであり、オトコはそれを得るために自らを危険にさらしたのである。

肉を分配するチンパンジー

人間の多くの文化では、男になるために何らかの試練を課している。それをさまざまな文化で比較したギルモア（文化人類学者）は、どこの文化でも少年たちは何かに打ち勝って男になることが期待されていると言う。苦痛や孤独や過酷な労働に耐えて、自分の資質を証明したとき、少年は社会から男として認知されるのである。この習慣は男女の役割があまり強調されないタヒチやセマイの男たちや、戦いを嫌うサン（ブッシュマン）の男たちにも明確に存在している。サンの少年は大きなオスのレイヨウを一人で追い詰めて殺し、勇気と忍耐を証明した後に、やっと結婚を許される男として認められるのである。

このような試練を条件とした社会的な承認は女にはない。儀礼によって女であることを証明するというよりも、女として成長したことを皆に祝福されて女になる。もちろん男も女も文化によってつくり出されたものであることに違いはない。しかし、なぜ男だけに「男らしさ」が過度に求められるのだろうか。

ギルモアは三つの道徳的命令が繰り返し強調されていることを示唆している。①女を妊娠させ、②被保護者を危険から守り、③親戚一同に食料を供給することである。この命令を実行するために、男は危険と競争に直面しなければならなくなる。

しかし、そこで男は自己実現への欲望を抑え、集団に献身することが求められる。そこで必要なのは闘いに勝つ力ではなく、自分が得る以上に他人に与える自己犠牲の精神である。「男らしさ」とは人間の文化がもっている安全弁でもあったのだ。しかし、それは文化の力だけでつくられたわけではない。オトコがもつ生物学的な特性にも支えられてきたのである。三つの道徳的命令は初期人類のオトコにもあてはまる。「男らしさ」は人類社会が当初から抱えていた食物の獲得と外敵の防御という課題を、オトコに担わせたことに由来する。それは今に至るまで人間社会の輪郭を見事に形づくってきたのである。

性の進化

一九世紀の人類学者たちは、人類の祖先が乱交乱婚の社会から出発したと考えていた。その考えを今でも私たちが変えていないことは、「獣のように」という表現を乱脈な性関係に用いていることからもわかる。しかし、事実は逆である。動物たちは一生のうちのほんの限られた間しか交尾をしない。メスの発情は排卵日の周辺に限られているし、オスはメスが発情徴候を示さなければ発情しない。人間に近い霊長類でも、排卵と発情は周期的に繰り返され、交尾もそれにしたがって起こる。人間だけがこのような生理的な周期性とは関係なく、いつでも性交渉を結ぶことができる。女は発情期をもたないし、男は女の発情徴候がなくても性的に興奮することができる。人間こそ、他の動物には見られない過剰な性を謳歌しているのである。

では、この人間の性の特徴はいったい何のために、どのようにして進化してきたのだろうか。人類に最も近縁なチンパンジーとボノボのメスは性皮を腫脹させるという発情徴候をもち、複数のオスと乱交的な性交渉を結ぶ。そのため、人類の祖先も同じような特徴をもっていたと考える人は多い。フィッシャー（人類学者）はオンナが自分と子どもを守る保護者として特定のオトコをつなぎとめるために、「性のつわもの」

になったと考えた。日常的に性交渉を可能にし、しかも排卵の徴候を隠蔽したのである。そのため、オトコは妊娠可能な日を特定できず、自分の子どもを残すためにずっとそのオンナと性交渉を持続しようとする。それはオトコからの保護と食料の供給を保証するというわけだ。

この説はラブジョイ（ケント大学の人類学者）の核家族起源の仮説とも合致する。ラブジョイは、人類の直立二足歩行がオトコに食物を家族のもとへ運ばせる生活様式を生み出したと考えた。オトコが食物を供給し、オンナが子育てに専念できれば未熟な子どもを抱えていても苦ではなくなる。歩行様式の改変は食物条件を改善させ、繁殖効率を飛躍的に高めたというのだ。

また、長年チンパンジーを研究してきたランガム（霊長類学者）は、火の使用によって人類はそれまで利用できなかった食物資源（たとえば澱粉に富んだ根茎など）を利用できるようになり、さらにオンナが調理の役割を独占したことによってオトコとの関係を変えたと推測する。体格に勝るオトコたちは食物を独占しようとするが、調理の技術を握ったオンナのもとに食物を届けざるを得なくなったというわけだ。たしかに、これまで多くの社会で男よりも女が料理をすることが一般的だった。とくに家庭内では料理は女の領域とされてきた。男も料理の能力は高いし、レストランの調理師はたいがい男であるにもかかわらず、家庭では女が調理場を仕切る。おかしい。これは能力というよりも太古の昔より続いてきた男女の分業であり、核家族を形成する過程でオンナたちがとった戦略だったというわけである。

家族がそもそもの始まりだった

しかし、人類の祖先が核家族をつくることに大きな利点があったとは思えないし、それを維持するためにオンナが「性のつわもの」になる必要もなかった、と私は思う。私たちが手にしている証拠は反対のことを示している。初期人類が核家族をつくっていたなら、オトコとオンナの体格はほぼ等しかったはずだが、アウストラロピテクス類はどの種も性的二型が大きかった。性皮が腫脹するという特徴は霊長類のいくつかの分類群で独立に発達したもので、進化の中で古い形質ではない。人類の系統と古い時代に分かれたテナガザル、オランウータン、ゴリラはいずれもこの特徴をもっていない。人類がチンパンジーの祖先と分岐した後に、性皮の腫脹がチンパンジーとボノボに発達したと考えることもできるのだ。性皮が腫脹しないテナガザルもゴリラも、メスが特定のオスと持続的な配偶関係を結ぶ。初期人類のオンナたちはその性質を受け継いで社会をつくったと見なすほうが自然ではないだろうか。

実は、食物以外に初期の人類が直面した大問題がある。それは、地上性の肉食獣に捕食される危険にさらされたということだ。森林の中では、ライオンやヒョウに襲われれば木の上に逃げ込めばいい。登る樹木の少ないサバンナでは、洞穴や断崖など隠れる場所が限られている。とくに長い犬歯を持たず、直立二足歩行という敏捷力に劣る移動様式をしていた人類の祖先は、たちまち肉食動物の餌食になったはずだ。しかし、襲われるのを避けて隠れていては、採食活動ができない。サバンナにはハイエナやリカオンなどさらに多種類の肉食動物がいる。当時は剣歯ネコなど現在絶滅してしまった猛獣もいたはずだ。いったい、どうやって人類の祖先はこの危機を打開したのか。

おそらく、分業とオトコたちの固い結束が生存力を高めたに違いない。前述したように、直立二足歩行による食物の運搬と分配は大きな効力を発揮したと思う。しかし、それでも森林で暮らしていた時より死亡率は増加したはずだし、とくに幼児の死亡率は急上昇しただろう。幼児は捕まえやすいし、おいしいからだ。そこで、失われた子どもを補充するために繁殖力を高める必要が生じた。

肉食動物の餌食になる動物が繁殖力を高める手段は二つある。一つは一度にたくさんの子どもを産む方法で、平均五頭の赤ちゃんを産むイノシシなどがこれに当たる。

もう一つは出産間隔を縮めて何度も子どもを産む方法で、毎年一頭ずつ赤ん坊を産むシカがこのタイプだ。霊長類はだいたい少産で、特に類人猿は一産一子だから、その仲間の人類が一度にたくさんの子どもを産むのは至難の業である。そこで、後者の方法を人類の祖先は選択した。そのためにどうすればいいか。

人類が実施したのは、赤ちゃんを早くおっぱいから引き離す方法である。お乳をやっているとプロラクチンというホルモンが出て発情も排卵も抑制する。だから、霊長類では母親でいることと発情して性のパートナーになることは両立しないのだ。その例外は前述のようにボノボだが、ボノボでも出産後すぐに発情は再開しても、妊娠はしない。プロラクチンは発情を抑制せずに、排卵だけ抑制しているのだ。人類の祖先は、出産間隔を縮めて何度も子どもを産むために、授乳そのものを断ったのである。

類人猿はゴリラでもチンパンジーでもオランウータンでも授乳期間が長い。しかし、動物園では母親がうまく赤ん坊に授乳できなかったり、子育てができなかったりすることがある。その場合は、やむなく母親から赤ん坊を取り上げて飼育員が授乳する。そうすると、二週間ぐらいで母親の乳が止まり、発情が再開するようになる。するとまた交尾を始めて妊娠し、類人猿でも年子を産むことが可能になる。初期人類はこういった方法をとった可能性がある。

しかし、多産の哺乳類の子どもは成長が早いのに対して、人間の子どもは成長が遅い。類人猿と比べてもずっと遅い。これは、脳の成長を優先してエネルギーを回し、身体の成長を遅らすためである。もとはといえば、人類が直立二足歩行を始めたおかげで骨盤が皿状に変形し、その中を通る産道を広げることができなくなった。そのため、二〇〇万年前に脳が大きくなり始めたとき、胎児の時代に脳を大きくすることができず、類人猿の赤ん坊とあまり変わらない大きさの脳の赤ん坊を産んで、生後に脳を発達させる道を選んだからである。その結果、人類の祖先は頭でっかちの成長の遅い子どもをたくさん持つようになった。当然、母親一人では育てられないから、集団の力を借りて共同育児をするようになった。

まず、オンナたちが育児で協力し合ったと思われるが、それでは手が足りない。そこで、オトコたちが育児に参入することになったのではないだろうか。そのモデルはゴリラにある。ゴリラのオスは生まれたばかりの赤ん坊にはあまり強い興味を示さない。しかし、子どもが離乳を始めて、母親ゴリラが幼児を抱いてオスの元へ置くと、関心を示して子どもと付き合うようになる。これをパーキングと言って、母親がまるで駐車をするように幼児から離れていくからだ。これと同じ行動を人類のオンナが特定のオトコに対して取ったらどうだろう。その母親と持続的な関係を結びたいオトコは、幼児を介してオンナの信頼を勝ち得ることができる。幼児たちに囲まれて幸せそうに寝転んでいるゴリラのオスの姿が目に浮かぶ。オトコたちだってその幸せをきっと感じるだろうと思う。しかも、自分が世話をすればするほど、母親は授乳を軽減でき、プロラクチンの効果が薄れて母親の性的な能力が復活するとなれば、いっそう熱心に子どもを預かるのではないだろうか。

つまり、人類が家族を作るにあたって、オンナは「性のつわもの」ではなく、「産みのつわもの」になったことがきっかけになったのだ。多産の霊長類であるタマリンやマーモセットのオスがかいがいしく赤ん坊の世話をする姿を想像してほしい。オトコたちはそこまで積極的にならないまでも、離乳したての幼児の保護を任され、母子の安全を図り、食物を繰り返し供給するようになった。これが人類の家族の始まりではないかと私は思う。

性を夢想し抑制する能力

発情徴候を顕著に表現するチンパンジーやボノボのメスの特徴を人類が引き継がなかったように、オトコたちもチンパンジーやボノボではなく、オランウータンやゴリラの性の特徴を強く受け継いだ可能性がある。それはオンナの発情によって刺激を受けなくても、性的に興奮できるという特徴だ。ふだん単独生活をしているオランウータンのオスは、メスに出会ったとき、そのメスの性周期とは無関係に交尾を強要する。メスはたいていオスを受け入れて交尾する。ただ妊娠中、授乳中のメスとは交尾をしないから、その区別はわきまえていると思われる。ゴリラの若いオスやメスは交尾とそっくりな性的遊戯に没頭することがあるし、オスはメスのいないところでホモセクシュアルな交渉を結ぶ。つまりこの二種の類人猿（オランウータン、ゴリラ）は、オスが性的な興奮を覚える対象の幅が広がり、メスのオスに対する性的受容力が高くなっているのだ。これに対して、チンパンジーとボノボのオスはメスの発情した性皮にしか反応しない。ボノボのオスはメスの幼児と性的な遊びをすることがあるが、ペニスを勃起させないし、勃起させたとしても射精をすることはないようだ。明らかにこれは遊びであり、性的な興奮を伴う交渉ではないのである。

たしかにオランウータンやゴリラは性的に活性化することが少ない。とくに日常的に性的な交渉を繰り広げているボノボに比べると、彼らの性生活は貧弱だ。しかし、人間とて決して活発な性生活をしているわけではないのである。毎日いっしょにいる夫婦にはその機会があるが、夫が猟や漁に出かければ、男も女も長いこと性とは無縁の生活を送らねばならない。そして、人間にはその非性的な生活も可能なのだ。そもそも複数のペアがいっしょに暮らしている状態で、オンナに発情徴候が現れればペアは崩壊してしまう。初期の人類がそれぞれの配偶関係を尊重した、複数の家族からなる共同体をつくるためには、オンナが発情徴候を示さないことが不可欠だったはずである。ゴリラ的な性の特徴を受け継いでいた人類にはそれが可能だったのである。

かわりに人類は性を夢想する能力を手に入れた。性交渉を想像するだけで、それを表に出すことを抑制する能力である。この能力はオトコたちが互いの配偶関係を尊重し、オンナとのきずなを維持するのに大いに役立ったはずである。なぜなら妊娠したり授乳することによって性交渉を中断することのないオトコは、常に性的興奮を刺激される機会にさらされていたからだ。オトコたちはオンナに性的な関心を抱きつつも、それを仲間との関係にしたがって抑制できるということを示さねばならなかったのである。

約束という人間に固有な行動は、こういった状況で生まれてきたはずである。昼行性の霊長類は視覚優位の世界にすんでいる。そこでは見たことが真実になる。逆に言えば、見られなければそれは他者にとって真実ではないのだ。ニホンザルのオスどうしは互いに厳格な優劣関係を認めて共存している。優位なサルが見ている前では餌に手を出さないが、見ていなければ劣位なサルは当たり前のように餌をとる。お互いが視覚で共有している場所ではお互いの関係が働くが、視界の外ではその関係は無視できるのだ。これは性交渉においても同様である。優位なオスの前では発情メスに近づかないが、いなくなると劣位なオスは急に積極的になって求愛をはじめる。クンマーはマントヒヒのオスどうしでは、もう少し約束めいた交渉が見られる。クンマーはマントヒヒのオスとメスをケージに入れ、その様子が見えるような窓を開けて隣に別のオスを置いた。すると、隣のオスがどんなに優位でも、一度このペアを見た後ではいっしょにしてもメスに求愛しないことがわかった。マントヒヒのオスは、他のオスのメスに対する既存権を尊重しあう習性をもっているのだ。こういった抑制ができるからこそ、マントヒヒのオスたちは互いにメスをかり集めながら、オスどうしでも仲良く付き合っていける。この傾向は複数のオスがひとつの群れで共存するサバンナヒヒでも見られる。オスたちはそれぞれ別のメスを追随して仲良し関係を結ぶ。優位なオスがたくさんのメスと関係をつくれるわけではなく、劣位のオスにも追随する相手ができる。これはオスどうしが互いの仲良し関係をなるべく重複しないように心がけていないと実現しない。

しかし、サルたちは仲間が見えないときでも、その仲間と第三者との関係を尊重するだろうか。チェニーとセイファース（ともに霊長類学者）は面白い実験をサバンナモンキーで行った。危険に直面したときに子どもの発する叫び声をあらかじめ録音しておき、それをプレイバックして群れの仲間に聞かせるのである。すると、サルたちは声に反応するだけでなく、発声した子どもの母親をしきりに目で探したというのだ。これはサルたちがその声の持ち主を識別できるばかりか、その保護に責任を持つ母親をもとっさに認識したことを示唆している。近親関係はたとえ見えていなくても、サルたちが行動を起こすときの判断の基準になるのである。

だとすれば、たとえ言葉がなくても、初期の人類が互いの関係を判断基準にして行動を制御することは可能だったはずである。ゴリラも群れ内で父親と息子が共存することがあるが、互いに性交渉をもつ相手を重複させないことが多い。この場合、たとえ父親の姿が見えなくても、息子は父親のパートナーにはめったに求愛しない。性交渉の相手を重複させないという傾向は、オス集団の血縁関係のない成熟オスの間でもはっきりしていた。二頭のシルバーバック（成熟オス）は互いに別の相手とホモセクシュアルな交渉を結んでいたのである。

ヒヒ、サバンナモンキー、そしてゴリラたちがやっていることは、程度の差こそあれ、自分の経験をもとに仲間どうしを関連づかせ、それを自分の行動にフィードバックさせるという方法である。それが共通の理解の下に、仲間の行動にまでフィードバックさせるようになれば、限りなく規範に近いものになる。

初期人類のオトコたちもまずはゴリラのように父親と息子の間で性交渉の相手を分け、そしてしだいに他のオトコたちとの間にもこの認知を広げていったのではないだろうか。この認知は「アダルトリーの禁止」と呼ばれ、人間社会で普遍的に見られる規範である。おそらく、それが完成するためには言語の発明が不可欠だったと思われるが、言語以前にオトコたちの間にある種の約束めいた認知ができていた可能性がある。それが過剰になりつつあった性の世界でオトコたちの暴力を抑制する役割を果たしたのである。

性暴力と性交渉

現在の人間は性ホルモンの影響から逸脱した性の特徴を示す。周期性のない性交渉や、妊娠中、授乳中の性交渉、ホモセクシュアルな交渉などがその例である。前述したように、これはオンナが性的な許容力を増したことと、オトコの性対象が広がったことによって変化したと考えられる。なぜオンナにホルモンの支配を逸脱する高い許容力が生まれたのか。それは、オトコの性暴力を防ぐ女の対策として進化した可能性がある。

実は、授乳中に交尾が起こるのは人間だけの特徴ではない。原猿類の多くやタマリン、マーモセットなど小型のサルでも授乳中に交尾が起こる。だいたいこれらのサルは授乳期間が短く、妊娠期間のほうが授乳期間よりも長い。このため、授乳中に交尾をして妊娠しても、次の子どもが生まれるときに前の子どもはすでに離乳している。こういったサルでは子殺しは報告されていない。つまり、オスが乳児を殺して母親の発情を早める必要がないからだ。

オスによる子殺しは、授乳期間が長くなり、その間母親が発情も妊娠もしないという特徴をもつようになってから起こった現象と考えられる。類人猿はとくに授乳期間が長いことで際立っている。小柄なテナガザルでも二―三年、ゴリラは三―四年、チンパンジーは四―五年、オランウータンに至っては七年も授乳する。ところが不思議なことに人間はわずか一年余りで授乳をやめてしまうのだ。もちろん、人間でも二年も三年も乳を与えることがあり、日本ではそれが次の子を妊娠しないための方策として使われていたことがある。早く離乳できるのは離乳食が発達し、乳のかわりに牛乳を与えることができるせいでもある。だから、人間の女も授乳期間が長く、その間妊娠が抑制される特徴を保持していると言える。しかし、授乳期間が大幅に縮まり、授乳による妊娠抑制が働かないケースも多々あるという点を重視したいのだ。この特性は、オトコの子殺しを防ぐためにオンナが講じた対策かもしれないからである。

類人猿で子殺しが報告されているのはゴリラとチンパンジーだけである。二種ともオスがメスと独占的に交尾をしようと試み、優位なオスに自分を誇示するディスプレイが発達している。子殺しが観察されていないテナガザルは体格に差のない雌雄がペアの生活をしている。ボノボもチンパンジーより性差が小さく、徹底的な乱交である。しかも出産後一年以内に、授乳中にもかかわらず、メスが発情を再開して交尾をする。すなわち、この二種類の類人猿社会は、性交渉の独占か乱交という正反対の性の特徴をもちながら、性差を縮めてオスの暴力を抑止している。テナガザルはそれぞれのペアの独占的な配偶関係を守り、ボノボは性交渉を日常化させてオス間の競合を減らし、発情しない時期を縮めて子殺しを無効化していると考えることができる。

オランウータンはちょっと違う。ゴリラ以上に性差があるが、そもそも集団生活をしないので、オスはメスと独占的な性関係を維持しようとはしない。ただ、妊娠期間や授乳期間が長く、その間母親はオスの交尾を受け入れないので、子殺しが起こる条件もある。しかし、オランウータンのオスが子殺しをしたとしても、単独生活ができるメスはそのオスと交尾をしてくれるとは限らない。メスはその場所に見切りをつけて旅立ってしまうことができるからだ。また、妊娠中や授乳中でなければ、メスは高い性的許容力を発揮する。オスはこういうメスを探せばいいのだ。おそらく、こういった事情がオランウータンの社会で子殺しを起こりにくくさせているのだろう。

性愛の起源

さて、では初期人類の社会はどういった方策でオトコの性暴力を防いだのだろう。七〇〇万年の人類の進化史のなかで、知られているだけでも二〇種以上の人類が誕生しては消えていった。体格上の性差が大きい種もあれば小さい種もある。おそらく、様々なタイプの社会、多様な性と雌雄の関係を試みたに違いない。それは、配偶関係の確立か乱交の間で大きく揺れ動いたのではないだろうか。そして現代人の女が発情徴候を示さないことから見て、現代人では独占的な配偶関係を強めてきたものと思われる。しかし、人類はオトコの暴力を消滅させることはできなかった。今に至っても性差はチンパンジー並だし、男たちが力で張り合う特性は衰えていない。男による子殺しの頻度も決して低いとは言えないという報告もある。

オトコの暴力を消し去れなかったのは、人類がテナガザルのようななわばりを構えたペア生活を送らなかったからである。初期人類は複数のオトコやオンナが共存する集団の内部に、独占的な配偶関係をつくろうとしたのである。そこには嫉妬や誤解が渦巻く危険が常に潜んでいる。そこで、人類は性交渉を互いに回避する近親どうしで家族をつくり、性交渉を夫婦だけに限定してそれを人前から隠す習慣をつくった。性的忌避関係にある者どうしなら、毎日顔を合わせても性的な関心は生じない。性交渉は特定のオトコとオンナの間に独占的に結ばれ、それが公にされないがゆえに二人の間に特殊な感情を育む結果となった。それが家族と性愛のはじまりである。

オンナの性的許容力は、はじめはオトコの子殺しを止める手段として発達したのかもしれない。いつでも性交渉に応じられる能力をもっていれば、少なくともオトコが性交渉を希求する挙句に子殺しをする必要はなくなるからだ。しかし、だからといってこの能力がボノボのような乱交的な性交渉をもたらしたわけでも、緊張を鎮める社会交渉として発展したわけでもないだろう。わずか数秒で終了するボノボやチンパンジーの性交渉に比べ、人間の性交渉は霊長類の中でも例外的な長さを必要とする。特定のオトコとの間で特別な感情を共有するために、性愛の交渉は豊かな表現力を伴って発達したのだろうと私は思う。人間にとって性交渉とは常に個人的な体験であり、相手との間に特別な記憶を共有するものだからである。高い性的許容力は、自分と子どもの保護者になりえるオトコとの間に、ゆるぎない信頼を確立するために使われたのである。その信頼が何ものにも代えがたいとき、オトコたちはそのオンナと子どもを、命をかけて守ることになる。それが、オトコから男に受け継がれてきた「男らしさ」の意味だった。性交渉はそれを保証する重要な役割を帯びたために、入念に多彩になったに違いない。

インセストの禁止が意味すること

レヴィ＝ストロースは結婚を家族のはじまりと見なし、インセストの禁止が女の与え手と受け手をつくることによって成立すると考えた。つまり、その女と性交渉を禁じられる近親の男（父や兄弟）が与え手となり、受け手（夫やその親族）との間に交換の協定を結ぶことが結婚である。女の移動によって負債が生まれ、与え手と受け手との間に物資や人のやり取りが続いていくことが結婚の大きな役割となる。結婚によって家族は他の家族と結び付けられ、より大きな集団として機能するようになることが人間の社会にとって重要なのだ。

人間以外の霊長類では、いったん集団を離れれば、その個体と集団との関係は断たれてしまう。人間の結婚では、嫁いだ娘は妻として母として振る舞うようになるが、もとの集団では依然として娘である。ところが、ゴリラでもチンパンジーでも生まれ育った集団を離れたメスが、もとの集団と関係をもつことはめったにない。このため、メスが移動しても集団と集団とが結び付けられるようなことにはならない。

かつて人間家族が成立する条件を予想した今西錦司は、外婚、インセスト・タブー、男女の分業という条件のほかに、近隣関係を付け加えた。人間の家族は孤立しては存在しえず、必ず近隣の家族と結びついて協力関係をもつのである。今西は外婚制とインセスト・タブーが表裏一体の現象と考えていた。つまり、レヴィ＝ストロースと同じように、インセストが禁止されることによって近親者以外から嫁あるいは婿をとることが促進されると想定していたのである。すると、外婚、インセスト・タブー、近隣関係という三条件はそれぞれ独立なものではなく、互いに組み合わさって人間家族を支えていることになる。

このことから見て、インセストの禁止の最も根源的な機能は、小集団から個体を移動させ、その個体を介して集団間を結びつけることだったのではないだろうか。人間以外の霊長類でもすでにインセストを回避する性向が広く見られる。前述したように、これはサルたちが生まれつきもっているのではなく、幼児期に異性との間に形成される親密な関係によって生まれるものである。そして、雌雄のペアで暮らすテナガザルや小さな単雄複雌群で暮らすゴリラでは、インセストの回避が娘や息子を生まれ育った群れから出させる効果を示すことがある。たとえばゴリラでは、母親と息子ばかり

同じ群れの中で共存するゴリラの父と息子

でなく、父親と娘、母親を同じくする兄弟姉妹の間に性交渉を回避する傾向があり、娘が思春期に達したとき性交渉を行える異性が自分の群れにいなければ、外のオスに性的関心を向けて出て行く結果となる。

しかし、霊長類には人間の家族のような近隣関係をもつ種は見当たらない。このことから推察すると、家族成立のための三条件のうち、まず外婚とインセストの禁止が結びつき、ついで近隣関係が組み合わされるという変化が歴史的に起こったのであろう。まず、類人猿の遺産を受け継いで、インセスト回避の傾向が広く親族間に広がった。そしてインセストの禁止という制度が異性をめぐる競合を減らして同性を結びつける機能をもったのである。その動きを促進したのは、森林からサバンナへという生息環境の変化だった。食物が分散し、肉食動物が徘徊する草原で、初期人類は大きな集団でオトコたちが分散して食物を探しつつ、強く連帯する必要に迫られたと思われるからである。

インセストの回避は、オス間の競合が強いゴリラの社会で父親と息子の共存を可能にした。両者はどちらも性交渉を回避するメス（父親にとって娘、息子にとって母親）を同じ群れ内にもつがゆえに、メスをめぐる決定的な不和に陥ることがないのである。そして、いったんこの共存が可能になれば、性交渉を回避するメスがいない状況でもオスたちは共存することが可能になる。マウンテンゴリラの群れでは、父親と息子だけでなく、兄弟やオス集団で共存した経験のあるオスどうしもメスとともに共存している群れが見つかっている。これらのオスたちは成長期のある時期に同じ群れで共存した経験をもとに、異性をめぐるトラブルを抑制することができるようだ。

オトコどうしのきずな

同性どうしが異性をめぐって競合を高めずに共存する方法には二つ考えられる。一つはなるべく異性と親しくならずに、同性どうしのきずなを大切にする方法。もう一つは特定の異性とのきずなを深め、それをもとに同性どうしが連帯する方法である。オトコたちはこの二つの方法をさまざまに使い分けてきた。ホモソーシャルと呼ばれる関係が前者によって、アダルトリーの禁止につながる関係が後者によってもたらされたと考えられる。前者では、オトコたちは過剰な性のはけ口としてオンナを求め、その関係がオトコたちの親しい関係を侵害しないように気を遣った。オトコどうしのつながりが常に優先され、オトコとオンナの関係はそれを補強する手段とされたのである。こういった傾向は現代の人間社会にもときどき現れる。女が虐げられる社会や文化はこの男たちの性向を強く表現したものである。

二つ目の手段が重視されるためには、オトコどうしもオンナを介して特別なきずなを結ばなければならない。二人のオトコのうち一方が永久にそのオンナに性的な関心を示さないことを明示しなければならないからだ。一人はそのオンナとの性交渉を独占するがゆえに、他方はそれを容認するがゆえにそのオンナの保護者となり、双方のオトコが同盟関係を結ぶことができるのである。これはどちらかのオトコがそのオンナと性的忌避関係にあれば比較的たやすい。しかし、そうではないオトコたちにその同盟がどうやって芽生えるのだろうか。

それは、すでにオトコたちに信頼関係が確立されている場合である。一人のオンナをめぐって競合関係に陥った二人のオトコのうち一方が、自分から身を引いてその競合を避け、その行為をもとに他方にも自分の異性関係を侵害しないように要求する。そうすることによって、二人のオトコはあたかもどちらかがオンナと性的忌避関係にある親族のように振る舞うことができる。この協定はおそらく兄弟に生じやすく、続いて幼児期をともに過ごした幼馴染《おさななじみ》に生じる可能性がある。

これが第一の方法と違うのは、オトコたちは同性のきずなを守るためにオンナを利用しているのではないということだ。ホモソーシャルな関係では二人のオトコが同じオンナと性交渉を結ぶことが可能であり、そうすることがますますオトコたちのきずなを強化するとさえ見なされる。だから、ホモソーシャルな社会では乱交的な性交渉を抑制できない。しかし、第二の方法はオトコが特定のオンナへの欲求を断念し、他のオトコとそのオンナの独占的な配偶関係を保証することによって成立する。二人のオトコはあるオンナを介して永久に競合関係に陥らないことを宣言するからこそ、きずなは維持されるのだ。それが、家族を介してつながろうとした人間社会の道だったと思う。

これはオンナにとっても不利な協定ではない。オトコたちが自分をめぐって協定を結ぶことで、少なくとも二人のオトコを自分の保護者として確保することができるからだ。一人は自分と性的関係を独占的に維持する相手として、もう一人は自分と性関係を否定することによって自分とも配偶者のオトコとも親密な関係を保ち続ける異性の仲間として。複数の保護者をもつことは、オンナが子どもをもったときに重要になる。とくに自分の配偶者が不在のとき、自分と子どもを守ってくれる別の保護者がいることは有利になるだろう。さらに、オトコどうしの友情関係を通してオンナどうしが結びつくこともできる。自分たちの配偶者であるオトコどうしが性的競合に陥らないように、オンナたちの間にも競合を抑える協定が結ばれると思われるからだ。ここに家族どうしが連合して、より大きな地域集団をつくる可能性が開けている。

おそらく、第二の方法にもとづくオトコとオンナの三角関係が初期人類の集団に芽生えてから、結婚という制度が生まれたのだろう。結婚とはこの奇妙な三角関係を集団間に応用したものと考えられるからだ。ゴリラやチンパンジーと同じように本来自分の生まれ育った集団を出て、別の集団へと移籍する傾向をもっていたオンナが、移籍先で得たオトコと出自集団のオトコをあたかも「息子と父親」や「兄弟」のように結び付ける手段として結婚という形式ができたのである。だから結婚は人類が類人猿から受け継いだ性質にもとづきながら、規範としての性格を色濃くもっているのである。

暴力の否定

しかし、オトコたちはオンナを介した同盟関係を完成することはできなかった。それは、親族の間ですら特定の女に対する協定が破られることを見てもわかる。父親が息子の嫁と性関係をもつこともあるし、兄弟が性的なトラブルで殺しあうことすら起こるのである。歴史的に見ても、ホモソーシャルな傾向はたびたび女性差別を公認する文化を育成してきた。そして、男たちはいまだに暴力によって同性間、異性間のトラブルを解消しようとすることが多い。

それは、人類がテナガザル的なペア結合に至ることも、ボノボ的な乱交社会を実現させることもできなかったからだ。過去の人類に比べると現代の人類の体格上の性差はずいぶん縮まっている。人類の規範は、特定の男女の独占的な配偶関係をもとに社会をつくることを奨励している。しかし、それはあくまで規範であり、それが常に守られていく保証はない。私たち男は、オトコの時代から負の遺産として受け継いだ暴力を背後霊のように意識しながら、現在と未来を生きていかねばならないのだ。

しかし、注意しておきたいことがある。類人猿やサルたちとは異なる人間の本性とは、欲望を断念することが互いを結びつけるという精神の働きだと私は思う。先にも述べたように、それは人間の基本的な活動の節目に現れる。食物を採集して仲間のもとへもって帰り、共食する際、性交渉を結ぶ異性を限定して同性の仲間との連帯を強める際に、この心の動きは不可欠になる。

ニホンザルのように直線的な順位序列を重視する社会では、このような行動は生まれてこない。そこでは優位者に特権が付与されており、劣位者が常に欲望を断念することによって葛藤が表面化しないようになっている。トラブルが生じたとき、第三者は強いほうに味方して勝者をつくることが、安全に闘いを終了させる方法なのである。劣位者が抑制することは、その群れに共存するすべてのサルたちの階層構造を維持するために不可欠だからである。その抑制によって劣位者と優位者の間に特別なきずなが生じることはない。

逆に、類人猿たちはけんかで弱いほうを支援して、なるべく勝者をつくらないようにする。時折食物を分配する行動が見られ、ふだん優位なものから劣位なものへと食物がわたる。優位者が力を行使するのを抑えることによって、仲間の支援を引き出したり伴食をしたりすることが可能になっている。人間ほどではないにしろ、類人猿では優位者の抑制が他者と自分との関係を変えたり維持したりすることになっていると考えられる。おそらく、初期の人類はこの性向を飛躍的に発展させたのだ。

遊びが広げた世界

その大きな原動力となったのは、遊びという現象だった。二人以上で行う社会的な遊びは集団生活をする霊長類に広範に見られる。ただ、これは乳離れをした子どもの特権で、思春期を過ぎると急激に消失するという特徴をもっている。また、どの種でもメスよりオスの子どもによく見られ、オスどうしにはレスリングや追いかけっこなど攻撃的な遊びが多い。そして、遊びは両者の力が違うとき、常に力の強い方が抑制するという条件が備わっているのだ。これが体格の大きいものの抑制を他の行動へと波及させる源泉となったに違いない。

社会的遊びが成立するためにはお互いの力が釣り合っている必要がある。どちらかが恐怖を感じては遊びにならないからだ。しかも、遊びは相手に強要できないし、どちらかが拒否したら遊びは成立しない。このため、遊びは力の弱いほうが常にイニシアチブを握っている。遊びは双方が積極的に参加し、互いに盛り上げていけば興奮は高まり、長く続くことになる。だから、力の強いものは自分のもっている力を抑制して相手を挑発し、力の弱いものも自分の力を高めて絡み合う。役割の転換や誇張的な表現が随所に起こる。そうすることによって、両者は快楽を共有することができる。遊びは経済的な目的のない行動なので、唯一考えられる目的としては楽しさを共有することだけである。遊びによって両者がきずなを高める可能性もあるが、それが目的となって遊びが起こるわけではない。

遊びというのはまさに時間と体力の浪費であるわけだが、なぜか類人猿で多く、人間では飛躍的に増大する。ゴリラでもチンパンジーでもボノボでも、思春期を過ぎた個体が嬉々として遊びに興じるし、その持続時間もサルに比べて格段に長い。それは力の強いものが抑制する技術を成長しても失わないからだ。サルたちは成熟すると、経済的に合目的的に行動するようになる。なるべく体力の浪費を避け、経済効率のいいように行動を方向付けようとする。しかも、互いの優劣を強く意識して暮らす社会では、遊びのような優劣関係が反映しにくい行動は起こりにくい。類人猿社会で遊びが多いのは、彼らの社会が優劣を表面化せずに共存することを重視しているからである。

ゴリラの子どもどうしの遊び

遊びが文化より古い起源をもつことに注目したホイジンガは、動物においても遊びが生物学的な行動の限界を超えたある約束や形式を備えていると指摘している。それは仮構の楽しさ、面白さ、ある種の浮遊感覚と言い換えてもいい。人間の遊びの性質を競争、偶然、模擬、眩暈に分類したカイヨワは、遊びが自己抑制を人間にもたらすことを示唆している。遊びによって人間は利害の鎖でがんじがらめになっている現実を一瞬解き放ち、新たな可能性を考える機会をもつことを覚えたのである。遊びは人間の美的感覚を支え、道徳や倫理の底流となっているとも言える。

暴力を根絶することができなかった人類は、遊びという快楽をともなう仮構をつくり出すことによってその発現を防いできた。スポーツは闘争を模した遊びであり、勝敗をその場限りのものとすることによって禍根を残さない。人びとのトラブルを調停する際に行われる政治的な取り決めや儀式には、遊びに由来する誇張や模擬がふんだんに使われている。そしてこれを好むのは男たちであり、それを真面目な顔で取り仕切るのも男たちであることを忘れてはいけない。古くから男たちは遊びの本質である「抑制によって引き出される楽しさ」を甘受することで、暴力の芽を摘み取ってきたに違いない。

遊ぶオトコたち

遊びによって日々の生活を彩る習慣は、オトコたちの時代にはじまったと考えられる。すでにサルや類人猿のオスたちに遊びを通じて社会関係をつくる傾向が見られるからだ。バーバリマカクやサバンナヒヒのオスたちは、新しい群れに加入するとまず幼児と仲良くなって身を守ろうとする。幼児を抱いていれば、優位なオスたちが攻撃しにくく、メスたちからも支持される可能性が高まるからだ。これらのオスたちが幼児たちと付き合う手段は主に遊びである。自分の力を抑制して子どもたちの力に合わせ、少し大仰に追いかける振りをして子どもたちを挑発する。オスたちは必要に迫られて嫌々ながら遊んでいるわけではない。明らかに嬉々として子どもたちと遊びに興じているのだ。

初期人類が集団どうしの付き合いを始めた際、オトコたちは遊びを駆使してお互いの敵対意識を減じたはずである。初めて付き合う人びとの集団に加入したとき、オトコたちがまず試みたのは子どもたちと遊ぶことだっただろう。現代の社会でも、よそ者の男が新しい土地で受け入れられるとき、まずは「面白いおじさん」として子どもたちの人気を博すことが多い。古来、子どもと遊ぶ能力が男たちのパスポートとなってきたのである。

この能力はオトコたちが父親として振る舞うようになった際にも発揮されたはずだ。テナガザルやゴリラのオスたちは、子どもが乳離れする頃から思春期にいたるまで親密な関係を続ける。この付き合いも一貫して遊びである。ゴリラのオスの場合、自分を抑制してえこひいきしないことが、子どものけんかを平等に仲裁することにつながっている。オスに特徴的なドラミングも高度に儀式化された行動で、遊びに連続する性質をもっている。ドラミングは誇示行動で、特定の相手に向かわないので、そばにいても怪我をすることはない。子どもたちはオスを真似て胸を叩き、互いに威張りあって遊ぶ。ゴリラは遊びを取り入れて闘争を仮構とすることに成功しているのだ。

初期人類が家族をつくり、オトコたちが父親として特定のオンナや子どもたちに関連付けられていく過程で、遊びはなくてはならない行動だったであろう。それぞれのオトコたちが独占的な配偶関係を認め合い、他の集団のオトコたちとも付き合うためには、互いの敵対意識を減じる遊びという安全弁が不可欠だったと思われるからだ。しかし、それはいったいどういう経緯でオトコたちに広まったのか。

人類の進化には成長遅滞とネオテニー（幼形成熟）という現象が深く関与していると言われている。類人猿と人類の頭骨の形は赤ん坊のときは非常によく似ている。成長するにつれて違いがはっきり現れてくるのだが、それはもっぱら類人猿の頭骨が変形していくからである。人類の頭骨は赤ん坊のときから形があまり変わらず、ただ大きくなっていくのである。このことから、人類は幼児の特徴を残したまま成熟するネオテニーを進化の過程で経ていると考えられたのである。そして形態にともなって幼児の特徴が成熟後も残存するようなことが起こったというわけだ。サルの社会では遊びが子どもの特権だったことを思い出してほしい。ひょっとしたらネオテニーとともに遊びの精神が初期人類に広がり、思春期以後も遊びが社会行動に多く利用されるという事態が起こったのかもしれない。

成長遅滞は、直立二足歩行の弊害として人類が抱えた問題に端を発する。二足で立って歩くようになった人類は骨盤で内臓を支えなければならなくなった。そのため、産道を狭くせざるを得ず、頭の大きな赤ん坊を産めなくなった。初期の時代はこれで支障はなかったが、脳が大きくなり始めた頃にはこれは大問題になったはずである。難産は人間だけが抱える問題なのだ。人類が見つけ出した解決策は胎児の状態の赤ん坊を産んで、脳の成長時期を延長しようという方法だった。ゴリラの脳は生まれた後に二倍の大きさに達する四歳で成長が止まるのに対し、人間の脳は一二—一六歳ごろまで成長を続けて四—五倍にまで増加する。これは未熟な赤ん坊を産み、脳の成長を優先させて身体の成長を遅らすおかげである。

子どもの成長が長くなったせいで、子どもの特権だった遊びに長い間親しむことが可能になった。そしてオトコたちは遊びをおとなの行動に取り入れ、自己抑制をする快楽によって社会行動を改変し始めたというわけだ。人類の脳が大きくなり始めるのは二〇〇万年前のホモ・ハビリスの時代からである。すると、その頃から人類はしだいに未熟な赤ん坊を産むようになって、遊びが社会に浸透し始めるとともにオトコたちが暴力を抑えて協力するようになったと考えられる。ホモ・ハビリスは器用な手を持っていて、人類最初の石器を製作していた。ひょっとしたら、石器を作るのも遊びの一種だったかもしれない。

しかし、成長遅滞によって初期人類はさらにやっかいな問題に直面することになった。人類のオンナが出産間隔を縮めたのは多産への適応だった。それは高まる幼児死亡率を補完するためだった。多産な哺乳類の子どもは成長が早い。だが、脳の発達によって人類の子どもの成長はますます遅れることになった。こうなっては、とてもオンナたちは独りで子どもを育てていくことはできない。自分と子どもたちを保護してくれる特定のオトコだけでなく、オトコたちが協力して食料を調達し、未熟な子どもたちを保護しなければ過酷な環境を生き抜いていくことはできなかっただろう。すなわち、成長遅滞が起こるためには人類が近隣関係をもつ家族をもたなければならなかったのである。遊びはそれを維持するためにオトコたちが駆使した社会の潤滑剤であり、安全弁だった。

遊びと性の快楽

初期の人類は子どもたちの遊びをそのまま成熟期へ延長したわけではない。子どもとて成長するとともに、社会が厳しいルールによって律せられており、合目的的に振る舞わねばならないことを知るはずである。仲間との付き合い方も、遊びの内容も変わらざるを得ない。しかし、人類は遊びの原点である快楽をともにするという精神と、それを作為によって構築する喜びを失わずに成熟するようになったのである。むしろ成長の過程でその傾向は強められ、遊びの内容は複雑さを増していったに違いない。

やがて、人類にとって快楽を味わうということが行為を選択する基準になった。ここに類人猿とは明確に異なる行動を生み出す契機が潜んでいる。サルや類人猿たちにとっても快いと感じることが行為を促進する原因になる。しかし、彼らはそれを評価の基準にすることはない。たとえば甘い蜜の香りのするバラの花は、サルたちにとっておいしそうな食べ物であり、快を感じる対象だろう。でもサルは食べるか食べないかという判断を下すだけだ。人間はバラの花を美しいと見なし、それを花瓶に生けたり髪に挿したりする。他人へ贈って自分の想いを伝える。快を美しいと感じ、その美をつくり出して仲間と分かち合おうとするところに遊びの作為があり、そこに人間の人間たるゆえんがあるのだ。

人間にとって遊びと性の快楽とはよく似たものである。どちらも独りではなかなか快を得られない。相手に強要することはできず、どちらかが拒否すれば、しらけてしまって続けられなくなる。双方が積極的に参与すれば興奮は高まり、快楽は持続する。そしてそうするためには、力の強いものが抑制して相手に同調することが不可欠になる。

面白いことに、類人猿の子どもたちはサルたちに比べて性的な遊びをよくする。おとなたちが交尾をするように、子どもたちも馬乗りになって性器を相手にこすりつけ、腰を動かして遊ぶのだ。交尾の際に聞かれるラブ・コールにそっくりな音声を発することもある。おとなが日常的な性交渉を示すボノボばかりでなく、おとながめったに性交渉を示さないゴリラでさえ、子どもたちは高頻度で性的な遊びを繰り広げる。しかし、子どもたちはまだ性ホルモンが十分に分泌されていないので、生理的に発情したり射精したりすることは不可能である。このような行動が起こるのは、類人猿の子どもたちが遊び巧者であり、遊びと性がよく似た快の形をもっているせいである。しかも、オスの子どもたちのほうがメスよりも頻繁に性的遊びを行い、ホモセクシュアルな交渉も多い。これはオスたちが同性とよく遊ぶ傾向を反映している。子どもたちは相手の性別を問わずにセクシュアルな遊びをするのだ。

ミードは『サモアの思春期』で、性的な会話や交渉を子どもたちに隠すことのない文化では、子どもたちが頻繁に性的な遊びをすることを報告している。しかもその中でホモセクシュアルな交渉が少年にも少女にも起こるという。禁じられなければ、隠されなければ、人間の子どもたちにも性的な交渉は遊びの中で自然に芽生えていく傾向をもっているのである。人間は子ども時代にこういった交渉を通じて快楽を仲間と共有し、それを美しいものとしてつくり出そうとする志向性を育むのである。それは相手や行動に美を見出し、相手との交渉を通じて自分に美を見つけることへつながっていく。つまり、人間は仲間の目を通して自分を対象化し、美しくありたいという願望をもつようになる。これこそが人間の社会性の原点である。

身体の世紀へ向けて

デカルト以来、人々の人間観は心と身体を切り離す心身二元論に支配されてきた。それは近代科学の発達をもたらし、身体を形作る要素を分析的に解明する道を拓いた。また、自然科学は心までも還元的な手法で明らかにできるという期待を人々に抱かせた。しかし、そのために人々はこれまで感性の拠り所となってきた伝統や宗教と切り離されてしまった。科学的な必然性によって説明できないものは、間違いと見なされるようになったからである。そして、それは人々が生きる意味を見失う結果をもたらした。科学が解明した自然は目的などもっていなかったからである。現代の人々は歴史と断絶させられ、根拠を失って暴走しようとする自分の心と身体をもてあまし始めている。とくにそれは男たちで著しい。今まで男優位の社会や文化に暮らしてきた男たちは、自らの行為を正当とする説明を常に求められるようになったからである。もはや安易に伝統に頼ることはできない。

この不安に満ちた現代を生き抜き、男の未来を展望するために、私たちはまず身体の歴史性を見直すことからはじめなくてはならない。二〇世紀の思想家たちは早くから心身二元論のあやまちに気づき、それを克服した人間観を創造しようと努めてきた。フロイトもユングもバタイユも、身体を貫く性衝動が人間の行動を深いところで支配していることから出発している。ハイデガーは身体が人間の存在可能性を支える根拠であると見なし、メルロ＝ポンティは身体が事物を対象化するものであるとした。つまり、人間の身体とは意識と切り離せないものであり、世界を対象化して自分を定位する根拠となっているのである。

人間は歴史的な身体で世界を感得し、それを自らの経験にしたがって意味づける。この感得するという行為は決して還元論的な手法では解明できない。それは「なぜ?」という問いに答えられない内容を含んでいるからである。人間は環境を味わい、それを評価する。なぜこの人を好きになるのか、嫌いになるのか。なぜこの風景を美しいと思うのか。なぜこの柄に品があると感じるのか。こういった問いに自然科学は満足すべき回答を見つけることができない。それはまさに、人間の身体はそれらの対象を快と感じるように進化的にも文化的にも方向付けられてきた、と言うしか術がないのである。

地球上の生物はすべてDNAという同じ物質からできている。人間もその例外ではない。しかし、それぞれの生物種には進化してきた歴史に従い、ある生理・形態上の制約が与えられている。もはや人間が四つ足で歩行するのは不可能だし、ラクダのように何日も水を飲まずにいることはできない。それらの制約は行動上の拘束にもなる。男は女より筋力が強く、子どもたちは長い成長期間を経ておとなになる。そういった制約や拘束を前提にして、人間の社会は組み上げられてきた。

しかし、そのことは人間関係にもそれらの制約や拘束を忠実に反映させるべきだということを意味するわけではない。むしろ、そのハンディキャップをみんなが力を合わせて克服しようと努力してきたところに、人間の社会性の特徴があるのだ。今私たちがしなければならないことは、人びとを差異化するそれらの制約や拘束に目をつぶらず、その歴史的な経緯を明らかにすることである。人間固有の身体や心がどのようにつくられてきたか。それが社会のどんな側面と深く関わってきたかに目を凝らさなければならない。それには人間に近縁な類人猿が格好の比較材料になる。彼らの身体や行動には、人間とは別な可能性を試してきた歴史が埋め込まれているからだ。

身体感覚から美意識へ

私たち男の身体には、女よりちょっぴり大柄な体を駆使して力を誇示し、遊びを通して同性、異性、子どもたちと親密になろうとしてきた歴史が埋め込まれている。それは自分の力を抑制し、相手に同調することによって快楽を共有しようとする欲求が基本となっている。しかし、その企てが不首尾に終わったとき、男は力を行使して状況を変えようとする傾向をもっている。それが不幸にも暴力につながることがある。私たちはその暴力を道徳的に悪いという理由だけで禁じるべきではない。その文化の道徳が通用しないところでは暴力が容認されてしまうからだ。それよりも男が抱く衝動が暴力につながらないように、暴力がどんな場所でも人間として恥ずべき行為であることを感得することが必要だ。つまり、力を抑制することが男として品格の高い、美しい行為だと見なす習慣をつくることである。法と罰則は急場しのぎとしては有効かもしれない。しかし、どこでも通用する自然な規範としてつくり上げていくのでなければ、歴史的重みのある行動はなかなか変えられない。

多様性を認めあう社会へ

今、男たちに求められていることは、歴史的身体の能力を現代の社会の要請に応じて上手に使うということだ。社会も時として無理な要請をすることがある。イスラエルのキブツでは子どもを親から引き離して共同保育を実行した。いっしょに育てられた子どもたちが将来結婚してキブツの運営にあたることが期待されていたわけだが、子どもたちは幼馴染の異性とは結婚せず、他のキブツへ結婚相手を求めて出て行ってしまった。台湾の幼児婚でも、親の要請で子どもの頃からいっしょにされた男女は幸せな結婚生活を送れないことが多かった。これは、幼い頃に親密な関係を結んだ異性は性交渉を忌避するようになるというウェスターマーク効果を無視したせいである。

一九六〇年代、七〇年代に一世を風靡したフリーセックスは今や影を潜めてしまった。あの頃、新しい性、新しい人間関係の創造を叫んだ若者たちは、今むしろ夫婦のきずなや親子のきずなを大事にして生きている。人間の性交渉は二者の間の積極的な参与によって、特別なきずなを両者の間にもたらすものだからである。人間はボノボのまねもゴリラのまねもできない。人間の由来を類人猿の進化の歴史に照らし合わせて見たとき、私たちは、身体の感性には越えられない境界があることに気づくのである。

現代の要請は、多様な人びとと多様な価値が認められる社会をつくるということである。これはなかなかにむずかしい。今まで人間は半ば閉じられた共同体の中で、顔見知りの仲間と固有の価値観を共有して生きてきたからである。異質な人間を受け入れることにも、別の価値を認めることにも慣れていない。しかし、そのような閉鎖的な社会は、人類の歴史からすればつい最近つくられたのである。過去の人類は熱帯林やサバンナで、多様な動物たちと共存して暮らしていた。何万年、何十万年という長い間、異種の人類が同じ場所で共存していたことも明らかになっている。人類に近縁なゴリラとチンパンジーは、アフリカの熱帯林で今でも同じ場所に共存して暮らしている。現代人はすべてホモ・サピエンスという同一種に分類される。身体能力も同じでコミュニケーションも可能な人間が共存できないはずはないのである。

多様な生命が共存する場所は随所に見られる。つい最近まで人間はそれらの生命に共感し、了解し合って生きてきたはずである。人間の世界にもそれが応用できるはずだ。最近のペット・ブームは、人間が他の生き物の力を借りて共存しようとしていることの証左でもある。ここに男たちの出番があると私は思う。物を利用し、身体を駆使して人と人をつなぐ状況を用意するのは、オトコたちが歴史的にやってきたことだからだ。このとき、男がもっている遊びへの志向性が役に立つはずである。そのためにも、男たちは仮構をつくる能力と身体の感性を磨かなければならない。二一世紀は身体の時代であるとともに感性の時代でもあると思われるからである。

あとがき

現代の男たちはどこへ向かっているのだろうか。最近私は、その行き先に大きな不安を抱かせられるような事件に遭遇した。それは日本ではなく、まだ伝統文化が脈々と受け継がれているはずのアフリカの小村での出来事だった。ここ数年、私は仲間とともにガボン共和国の西南部にあるムカラバ国立公園でゴリラとチンパンジーの調査をしている。森の中でゴリラやチンパンジーの姿を見つけ、足跡を追うために、森や動物に詳しい人の助けが必要だ。公園内の保護区では狩猟が禁じられているため、専業猟師はいない。しかし、十数年前までこの場所で操業していた伐採会社に雇われていた男たちがいて、樹木をよく知っている。東部で最近まで伐採会社で働いていた若者もいる。そこで、これらの男たちを雇って、キャンプで共同生活をしながら調査をしてきた。そんなある日のことである。

突然、甲高い雄たけびが闇を切り裂くように響きわたった。ぎょっとして目を覚ました私は、起き上がって闇の中で耳を澄ました。どうも動物の声ではなく、男が大声で泣きわめいたり怒ったり、見境なく当たり散らしているようだ。

翌朝、目を覚ますとジョスランという若者が目を真っ赤に泣き腫らして、椅子にうずくまっていた。人々に様子を聞くと、昨晩久しぶりに村へ帰った彼は妻が昔の恋人と浮気をしていると勘違いをしたらしい。昔の恋人とは、今同じキャンプで働いているクリスチャンである。村で深酒をしてわめき散らしたジョスランは、深夜に千鳥足でキャンプへもどってきた。キャンプには疑われたクリスチャンもいる。心配して後を追ってきた妻を、クリスチャンに会いにきたものとふたたびジョスランは誤解して、荒れ狂ったというのだ。

キャンプには村長の候補になっている年配の男や、妻の父に当たる、つまりジョスランの義理の父親もいた。しかし、これらの男たちはおろおろと歩き回るだけで何もしようとしない。なぜジョスランの嫉妬をなだめ、男らしい態度をとらすように説得しないのだろう。むしろ、女たちのほうが毅然とした態度でジョスランを非難していた。クリスチャンはすでに結婚していて近くの村に妻も子どももいる。ジョスランの怒りが誤解ではなかったにせよ、彼の妻とクリスチャンが元の関係にもどるはずもない。こんな心の闇を抱えて生きていくのは、あまりにも不毛だ。

　この騒動に誰かが決着をつけなくてはならない、と私は思った。幸い、私は雇い主だし、最年長者だ。しかし、私には彼をやさしく諭すほどの言語力もないし、その経験もない。私はジョスランに向かって、「夜に遠吠えをするのは犬だけだ。俺は人間を雇うが、犬は雇わん。今すぐ出て行ってくれ」ときびしい調子で言い放った。そのくらい彼を侮辱しなければ、この場は収まらないと感じたからである。彼は無言で荷物をまとめて出て行った。

　ジョスランと私は二週間後に和解をした。小さなしこりは残ったが、たいしたものではない。私はあのときジョスランが誰かに思い切りどやしつけてほしかったのだと思っている。キャンプの人々も口々に、あの時私が彼を追い出さなかったら大変困ったことになった、と言って感謝してくれた。しかし、今までアフリカの伝統社会で抑制の利いた社会生活を見慣れてきた私には、大きな衝撃だった。伐採会社が去って経済が破綻し、村が急速に寂れていくのはわかる。だが、若者のわがままな行為を諫《いさ》められないほど、伝統の力が弱っているとは思わなかった。ここでは年長者の言葉に耳を傾け、品位を保とうとする男たちはいないのだろうか。現代日本ばかりではない。アフリカのジャングルでたくましく生きる男たちでさえ、誇りを保って生きるすべを失いつつあるのだ。

帰国した私は、筑摩書房の山野浩一氏から男を勇気づける本を書いてみないかと勧められていたことを思い出した。誘いを受けてからすでに歳月がたっていたが、私は今こそ男の由来について書いてみるべきだと痛切に思った。山野氏の目論見どおりになったかどうかは心もとないが、氏の辛抱強いお誘いがなかったらこの本は実現しなかっただろう。心から感謝を申しあげる。

本書を書き上げるためには、多くの研究会やセミナーで討論したことが役に立った。京都大学人文科学研究所の横山俊夫氏が主宰する「安定社会と言語」、「文明と言語」の二つの研究会、大阪大学の鷲田清一氏が代表を務める国際高等研究所の研究プロジェクト「センサー論」、サントリー文化財団、日産科学振興財団、稲盛財団の助成金を受けて開催した「人間性の起源と進化」などで多くの方々と分野を超えて議論できたことは幸いであった。また、京都大学霊長類研究所のCOE拠点研究「類人猿の進化と人類の成立」からも研究費を受けて資料を整理し、国際シンポジウムなどいくつかの研究会を組織する機会をいただいた。ここに記して感謝の意を表したい。

最後に、もしかしたら生じたかもしれない誤解についてお断りしておきたい。本来は境界があいまいな男という性を、本書ではあえて単独の性に設定した。それは、動物のオスから人間の男へと進化の足跡をたどりたかったからである。むろん、男となる前に私たちには人間という種の制約が強くかかっているわけで、それを無視してオスという性を強調したいわけではない。オスと男の間にオトコというカテゴリーを設けたのは、そこにまだとらえ切れていない動物と人間のギャップの深さを再認識したかったからだ。化石に残ることのないオトコと男の進化史は、生身の行動から類推の糸をたどるしかすべがない。男たちの行動が急速に変化していく現代、その手がかりは私たちの目の前から忽然と消え去ってしまうかもしれない。男というものが過去の思い出となる前に、本書からその歴史の一端をすくい上げていただければ幸いである。

あとがきのあとがき

本書が出てから一五年になる、再版しないかという話が来たとき、私には少し迷いがあった。これまで本書を読んだ人からあまりいい印象を聞いていなかったからだ。それは、文化的な存在のジェンダーである「男」を動物の「オス」と結びつけ、その連続性を説く姿勢、それに、私が男であり、男の視線だけから「男」を論じる一方的な態度、が読者から反発を買ったせいであると思う。それは大きな誤解だと思いつつ、私の思いをうまく伝えられなかったという点で、この本は失敗作だと私は思ってきた。

ただ、最近私は以前より男の堕落を思いきり目にするようになった。平気で性差別を口にする政治家、忖度が当たり前と思っている官僚、株主の利益しか考えない社長や会長、自分の愚痴しか会話の種にできない男たち、見るに見かねる男たちが巷には氾濫している。しかも、最近の統計によると、現代の日本で五〇歳時の男の未婚率は二三パーセントに達する。この五〇年で一八倍に増加した。実に四人に一人の男が結婚しないまま一生を終える可能性があるのだ。これでは日本が少子になるのも無理はない。出産や育児にいくら支援しても、そもそも結婚相手が見つからなければ子どもを産む意欲も、育てる熱意も湧かないだろう。国際結婚をした女たちが日本で暮らしてくれるとは限らない。就職機会や給与、ワークライフ・バランス、社会保障や介護の問題を見ても、日本は男女の関係に配慮の少ない国なのだ。男社会と縦社会のくびきから脱出できずに、利己的な個人主義が蔓延し、男たちは傷つくことを恐れて引きこもるか、閉鎖的なコミュニティで誇大な自己主張をするようになった。いったいなぜ、こんな社会になってしまったのだろうか。

昔の社会のほうが男の品格が高かったなどというつもりはない。そこには陰湿な男中心社会の歴史が隠されているからだ。現代の男たちは歴史からも学べないし、未来へ向かう理想的なモデルもない。ではどうしたらいいのか。もはや、男が女を選んで結婚し子どもを作れる時代は終わった。親たちのしがらみから解放された女たちは自由に男を選び、多様な結びつきを創造する。どんな男が選ばれるのか。その確信が男たちにはないし、自分が憧れる女と持続的な関係を持ち続ける自信もない。すでに生命科学と医学は、男という存在なしに子どもを作る技術を手に入れている。女たちは男を選ばずに、精子を選んで子どもを産むことも、遺伝子編集によって自らが好む遺伝子を備えた子どもを産むことも可能になった。いったい男たちはこれからどこへ向かうのか。

そこで、私は本書を再び世に出してみようと思った。現代の男たちは身体と心をもてあましている。スポーツで活躍する強靭でしなやかな肉体、多様な芸術やデザインに発揮される創造的な感性、蓄積した知識を鮮やかにまとめて披露できる知性と言語力、そして仲間意識と承認願望の強い心の動きに男たちは常に翻弄されている。でも、私たちはその由来と未来の行方を知らない。やはりまず、男の身体と心がどのような進化の歴史のもとで作られたのかを知ることから始めなければならないのではないか。それは必ずしもそういった歴史的身体や心を現代に生かさねばならないということではない。むしろ、人間社会が作った制度や文化は、そういった身体や心の束縛を解いて、すべての人間が持って生まれた能力の違いを超えた幸福な世界の創造を目指したものだったに違いない。その葛藤を知る上でも、男たちは自らの身体や心に刻印されているオスとオトコの歴史を知るべきなのだ。

読者の誤解を解くためと、一五年の間に報告された新しい発見に基づいて、以前の原稿には少し手を入れてある。それでも、男女共同参画が声高に叫ばれる時代に「男らしさ」に言及するのはかなりの覚悟がいる。それを承知で本書を出すのは、あまりにも「男」の歴史に誤解が多いからだ。そのほとんどは、生物としてのオスの知識が欠落していることによる。霊長類のオスから出発して、少し異なるオトコに、そして文化的存在である男になったのだと理解すればいい。まあ、あまり肩ひじを張らずに読んでいただきたいと思う。本書が少しでも、男女の幸福な結びつきについて未来へ希望をもつ一助となれば幸いである。

参考文献

アードレイ，R., 1973.『アフリカ創世記――殺戮と闘争の人類史』，徳田喜三郎・森本佳樹・伊沢紘生訳，筑摩書房.

アードレイ，R., 1978.『狩りをするサル――人間本性起源論』，徳田喜三郎訳，河出書房新社.

ビッカートン，D., 1998.『ことばの進化論』，筧壽雄監訳，勁草書房.

ベルウッド，P., 2008.『農耕起源の人類史』，長田俊樹・佐藤洋一郎監訳，京都大学学術出版会.

ボーム，C., 2014.『モラルの起源――道徳，良心，利他行動はどのように進化したのか』，斉藤隆央訳，長谷川眞理子解説，白揚社.

ボイド，R.，シルク，J. B., 2011.『ヒトはどのように進化してきたか』，松本晶子・小田亮監訳，ミネルヴァ書房.

バーン，R., 1998.『考えるサル――知能の進化論』，小山高正・伊藤紀子訳，大月書店.

バーン，R.，ホワイテン，A. 編，2004.『マキャベリ的知性と心の進化理論Ⅱ――新たなる展開』，友永雅己・小田亮・平田聡・藤田和夫監訳，ナカニシヤ出版.

カイヨワ，R., 1990.『遊びと人間』，多田道太郎・塚崎幹夫訳，講談社学術文庫.

カートミル，M., 1995.『人はなぜ殺すか――狩猟仮説と動物観の文明史』，内田亮子訳，新曜社.

コパン，Y., 2002.『ルーシーの膝――人類進化のシナリオ』，馬場悠男・奈良貴史訳，紀伊國屋書店.

デイリー，M.，ウィルソン，M., 1999.『人が人を殺すとき――進化でその謎を解く』，長谷川眞理子・長谷川寿一訳，新思索社.

ドゥ・ヴァール，F., 1994.『政治をするサル――チンパンジーの権力と性』，西田利貞訳，平凡社.

ドゥ・ヴァール，F., 1993.『仲直り戦術――霊長類は平和な暮らしをどのように実現しているか』，西田利貞・榎本知郎訳，どうぶつ社.

ドゥ・ヴァール，F., 1998.『利己的なサル，他人を思いやるサル――

モラルはなぜ生まれたのか』，西田利貞・藤井留美訳，草思社.
ドゥ・ヴァール，F., 2002.『サルとすし職人――〈文化〉と動物の行動学』，西田利貞・藤井留美訳，原書房.
ドゥ・ヴァール，F., 2010.『共感の時代へ――動物行動学が教えてくれること』，柴田裕之訳，紀伊國屋書店.
ドゥ・ヴァール，F., 2014.『道徳性の起源――ボノボが教えてくれること』，柴田裕之訳，紀伊國屋書店.
ダイアモンド，J., 2000.『銃・病原菌・鉄――一万三〇〇〇年にわたる人類史の謎』上下，倉骨彰訳，草思社.
ダンバー，R.I.M., 1998.『ことばの起源――猿の毛づくろい，人のゴシップ』，松浦俊輔・服部清美訳，青土社.
フィッシャー，H.E., 1983.『結婚の起源――女と男の関係の人類学』，伊沢紘生・熊田清子訳，どうぶつ社.
フォーリー，R., 1997.『ホミニッド――ヒトになれなかった人類たち』，金井塚務訳，大月書店.
フォード，C.S.，ビーチ，F.A., 1968.『性行動の世界』，安田一郎訳，至誠堂.
フォッシー，D., 1986.『霧のなかのゴリラ――マウンテンゴリラとの13年』，羽田節子・山下恵子訳，早川書房.
ガルディカス，B., 1999.『オランウータンとともに――失われゆくエデンの園から』上下，杉浦秀樹・斉藤千映美・長谷川寿一訳，新曜社.
ギルモア，D., 1994.『「男らしさ」の人類学』，前田俊子訳，春秋社.
ゴメス，J.C., 2005.『霊長類のこころ――適応戦略としての認知発達と進化』，長谷川眞理子訳，新曜社.
グドール，J., 1973.『森の隣人――チンパンジーと私』，河合雅雄訳，平凡社.
グドール，J., 1990.『野生チンパンジーの世界』，杉山幸丸・松沢哲郎監訳，ミネルヴァ書房.
グドール，J., 1994.『心の窓――チンパンジーとの三〇年』，高崎和美・高崎浩幸・伊谷純一郎訳，どうぶつ社.
ハラリ，Y., 2016.『サピエンス全史――文明の構造と人類の幸福』上下，柴田裕之訳，河出書房新社.

ハート，D.，サスマン，R.，2007.『ヒトは食べられて進化した』，伊藤伸子訳，化学同人.

ハリス，E.，2016.『ゲノム革命――ヒト起源の真実』，水谷淳訳，早川書房.

フルディ，S. B.，1982.『女性は進化しなかったか』，加藤泰建・松本亮三訳，思索社.

ホイジンガ，J.，1973.『ホモ・ルーデンス』，高橋英夫訳，中公文庫.

ハンフリー，N.，1993.『内なる目――意識の進化論（科学選書 16）』，垂水雄二訳，紀伊國屋書店.

ジョハンソン，D. C.，エディ，M. A.，1986.『ルーシー――謎の女性と人類の進化』，渡辺毅訳，どうぶつ社.

クライン，R. G.，エドガー，B.，2004.『5 万年前に人類に何が起きたか？――意識のビッグバン』，鈴木淑美訳，新書館.

リーキー，R.，1996.『ヒトはいつから人間になったか（サイエンス・マスターズ 3)』，馬場悠男訳，草思社.

レヴィ＝ストロース，C.，1968.「家族」原ひろ子訳，祖父江孝男訳編，『文化人類学リーディングス――文化・社会・行動』，誠信書房，pp. 1-28.

レヴィ＝ストロース，C.，1977，1978.『親族の基本構造』上下，馬渕東一・田島節夫監訳，番町書房.

リーバーマン，D.，2015.『人体 600 万年史――科学が明かす進化・健康・疾病』上下，塩原通緒訳，早川書房.

ローレンツ，K.，1970.『攻撃――悪の自然誌』，日高敏隆・久保和彦訳，みすず書房.

マリノフスキー，B.，1968.『未開人の性生活』，泉靖一・蒲生正男・島澄訳，ぺりかん社.

マリノフスキー，B.，1972.『未開社会における性と抑圧』，阿部年晴・真崎義博訳，社会思想社.

モース，M.，1973.『社会学と人類学 I』，有地亨・伊藤昌司・山口俊夫訳，弘文堂.

モース，M.，1973.「贈与論」，有地亨訳『社会学と人類学 I』，弘文堂，pp. 219-400.

マックグルー，W.，1996.『文化の起源をさぐる――チンパンジーの物

質文化』，西田利貞監訳，足立薫・鈴木滋訳，中山書房．

ミズン，S.，1998.『心の先史時代』，松浦俊輔・牧野美佐緒訳，青土社．

ミズン，S.，2006.『歌うネアンデルタール――音楽と言語から見るヒトの進化』，熊谷淳子訳，早川書房．

ミード，M.，1976.『サモアの思春期』，畑中幸子・山本真鳥訳，蒼樹書房．

メレン，S. L. W.，1985.『愛の起源』，伊沢紘生・熊田清子訳，どうぶつ社．

モンターギュ，A.，1986.『ネオテニー――新しい人間進化論』，尾本恵市・越智典子訳，どうぶつ社．

モーガン，E.，1997.『女の由来――もう一つの人類進化論』，望月弘子訳，どうぶつ社．

モルガン，L. H.，1954.『古代社会』上下，荒畑寒村訳，角川文庫．

マードック，G. P.，1978.『社会構造――核家族の社会人類学』，内藤莞爾監訳，新泉社．

リドレー，M.，2002.『徳の起源――他人を思いやる遺伝子』，岸由二監修，古川奈々子訳，翔泳社．

リゾラッティ，G.，シニガリア，C.，2009.『ミラーニューロン』，茂木健一郎監修，柴田裕之訳，紀伊國屋書店．

ルソー，J＝J，1987.『人間不平等起原論』，本田喜代治・平岡昇訳，岩波文庫．

シャラー，G. B.，1979，1980.『マウンテンゴリラ』上下，今西錦司監修，福屋正修訳，思索社．

シュワルツ，J.，1989.『オランウータンと人類の起源』，渡辺毅訳，河出書房新社．

セジウィック，E. K.，2001.『男同士の絆――イギリス文学とホモソーシャルな欲望』，上原早苗・亀澤美由紀訳，名古屋大学出版会．

スパイロ，M.，1981.「家族は普遍的か」河合利光訳，村武精一編『家族と親族』，未來社．pp. 9–24.

スプレイグ，D.，2004.『サルの生涯，ヒトの生涯――人生計画の生物学』，京都大学学術出版会．

スタンフォード，C.，2001.『狩りをするサル――肉食行動からヒト化を考える』，瀬戸口美恵子・瀬戸口烈司訳，青土社．

タッターソル，I., 1999.『サルと人の進化論――なぜサルは人にならないか』，秋岡史訳，原書房.
トーマス，E. M., 1982.『ハームレス・ピープル――原始に生きるブッシュマン』，荒井喬・辻井忠男訳，海鳴社.
タイガー，L., 1976.『男性社会――人間進化と男の集団』，赤阪賢訳，創元社.
タイガー，L.，フォックス，R., 1989.『帝王的動物』，河野徹訳，思索社.
トリヴァース，R. L., 1991.『生物の社会進化』，中嶋康裕・福井康雄・原田泰志訳，産業図書.
ターンブル，C., 1976.『森の民――コンゴ・ピグミーとの三年間』，藤川玄人訳，筑摩叢書.
ウェスターマーク，E. A., 1970.『人類婚姻史』，江守五夫訳，社会思想社.
ウィルソン，C., 1989.『性のアウトサイダー』，鈴木晶訳，青土社.
ウィルソン，E. O., 1999.『社会生物学［合本版］』，伊藤嘉昭監修，新思索社.
ウィルソン，P. J., 1983.『人間――約束するサル』，佐藤俊訳，岩波現代選書.
ランガム，R. W., 2010.『火の賜物――ヒトは料理で進化した』，依田卓巳訳，NTT 出版.
ランガム，R. W.，ピーターソン，D., 1998.『男の凶暴性はどこからきたか』，山下篤子訳，三田出版会.
ザハヴィ，A.，ザハヴィ，A., 2001.『生物進化とハンディキャップ原理――性選択と利他行動の謎を解く』，大貫昌子訳，白揚社.
赤坂憲雄，2017.『性食考』，岩波書店.
伊谷純一郎，1954.「高崎山のサル」今西錦司編『日本動物記 2』，光文社.
伊谷純一郎，1963.『ゴリラとピグミーの森』，岩波新書.
伊谷純一郎，1972.『霊長類の社会構造（生態学講座第 20 巻）』，共立出版.
伊谷純一郎，1973.「生物社会学・人類学からみた家族の起源」青山道夫他編『講座家族第 1 巻：家族の歴史』，弘文堂，pp. 1–17.

伊谷純一郎，1976.「チンパンジーとゴリラ」『別冊サイエンス　特集動物社会学――サルからヒトへ』，pp. 93-105.
伊谷純一郎，1983.「家族起源論の行方」家族史研究会編『家族史研究7』，大月書店，pp. 5-25.
伊谷純一郎，1987.『霊長類社会の進化』，平凡社.
伊谷純一郎・原子令三編，1977.『人類の自然誌』，雄山閣出版.
伊谷純一郎・田中二郎編著，1986.『自然社会の人類学――アフリカに生きる』，アカデミア出版会.
市川光雄，1982.『森の狩猟民――ムブティ・ピグミーの生活』，人文書院.
市川光雄，1991.「平等主義の進化史的考察」田中二郎・掛谷誠編『ヒトの自然誌』，平凡社，pp. 11-34.
今西錦司，1941.『生物の世界』，弘文堂.
今西錦司，1951.『人間以前の社会』，岩波新書.
今西錦司，1952.「人間性の進化」今西錦司編『自然』，毎日新聞社，pp. 36-94.
今西錦司，1960.『ゴリラ――人間以前の社会を追って』，文藝春秋新社.
今西錦司，1966.『人間社会の形成』，日本放送出版協会.
今村薫，1996.「ささやかな饗宴――狩猟採集民ブッシュマンの食物分配」田中二郎・掛谷誠・市川光雄・太田至編著『続自然社会の人類学――変貌するアフリカ』，アカデミア出版会，pp. 51-80.
榎本知郎，1990.『愛の進化――人はなぜ恋を楽しむか』，どうぶつ社.
榎本知郎，1994.『人間の性はどこから来たのか』，平凡社.
大島清，1989.『脳と性欲――快楽する脳の生理と病理』，共立出版.
岡ノ谷一夫，2003.『小鳥の歌からヒトの言葉へ』，岩波書店.
小川秀司，1999.『たちまわるサル――チベットモンキーの社会的知能』，京都大学学術出版会.
奥野克巳・椎野若菜・竹ノ下祐二，2009.『セックスの人類学』，春風社.
小田亮，1999.『サルのことば――比較行動学からみた言語の進化』，京都大学学術出版会.
小田亮，2002.『約束するサル――進化からみた人の心』，柏書房.
海部陽介，2005.『人類がたどってきた道――“文化の多様化”の起源を探る』，日本放送出版協会.

加納隆至, 1986.『最後の類人猿――ピグミーチンパンジーの行動と生態』, どうぶつ社.
河合香吏編, 2009.『集団――人類社会の進化』, 京都大学学術出版会.
河合雅雄, 1964.『ニホンザルの生態』, 河出書房新社.
河合雅雄, 1977.『ゴリラ探検記』, 筑摩書房.
河合雅雄, 1992.『人間の由来』上下, 小学館.
川田順造編, 2001.『近親性交とそのタブー――文化人類学と自然人類学のあらたな地平』, 藤原書店.
岸上伸啓, 2003.「狩猟採集社会における食物分配――諸研究の紹介と批判的検討」『国立民族学博物館研究報告』27 (4) : 725-752.
木村大治・北西功一編, 2010.『森棲みの生態誌――アフリカ熱帯林の人・自然・歴史 I』, 京都大学学術出版会.
木村大治・北西功一編, 2010.『森棲みの社会誌――アフリカ熱帯林の人・自然・歴史 II』, 京都大学学術出版会.
京都大学霊長類研究所編, 1992.『サル学なんでも小事典――ヒトとは何かを知るために』, 講談社ブルーバックス.
京都大学霊長類研究所編, 2003.『霊長類学のすすめ』, 丸善.
京都大学霊長類研究所編, 2007.『霊長類進化の科学』, 京都大学学術出版会.
黒田末寿, 1982.『ピグミーチンパンジー――未知の類人猿』, 筑摩叢書.
黒田末寿, 1999.『人類進化再考――社会生成の考古学』, 以文社.
黒田末寿・片山一道・市川光雄, 1987.『人類の起源と進化――自然人類学入門』, 有斐閣
黒柳晴夫・山本正和・若尾祐司編, 比較家族史学会監修, 1998.『父親と家族――父性を問う (シリーズ比較家族第 II 期 2)』, 早稲田大学出版部.
斎藤成也・諏訪元・颯田葉子・山森哲雄・長谷川眞理子・岡ノ谷一夫, 2006.『ヒトの進化 (シリーズ進化学 5)』, 岩波書店.
澤田昌人編, 2001.『アフリカ狩猟採集社会の世界観』, 京都精華大学創造研究所.
サントリー不易流行研究所編, 白幡洋三郎監修, 2003.『大人にならずに成熟する法』, 中央公論新社.
清水昭俊編, 1989.『家族の自然と文化』, 弘文堂.

菅原和孝，2002.『感情の猿＝人』，弘文堂.
杉山幸丸，1981.『野生チンパンジーの社会――人類進化への道すじ』，講談社現代新書.
杉山幸丸，1993.『子殺しの行動学』，講談社学術文庫.
杉山幸丸編著，2000.『霊長類生態学――環境と行動のダイナミズム』，京都大学学術出版会.
鈴木晃，1992.『夕陽を見つめるチンパンジー』，丸善ライブラリー.
須藤健一・杉山敬志編，1993.『性の民族誌』，人文書院.
瀬戸口烈司，1995.『「人類の起源」大論争』，講談社選書メチエ.
高畑由起夫編著，1994.『性の人類学――サルとヒトの接点を求めて』，世界思想社.
高畑由起夫・山極寿一編著，2000.『ニホンザルの自然社会――エコミュージアムとしての屋久島』，京都大学学術出版会.
竹田青嗣，1997.『エロスの世界像』，講談社学術文庫.
立花隆，1991.『サル学の現在』，平凡社.
田中二郎，1971.『ブッシュマン――生態人類学的研究』，思索社.
田中二郎，1978.『砂漠の狩人――人類始源の姿を求めて』，中公新書.
田中二郎，1994.『最後の狩猟採集民――歴史の流れとブッシュマン』，どうぶつ社.
田中二郎・掛谷誠編，1991.『ヒトの自然誌』，平凡社.
田中二郎・掛谷誠・市川光雄・太田至編著，1996.『続自然社会の人類学――変貌するアフリカ』，アカデミア出版会.
田中雅一編著，1998.『暴力の文化人類学』，京都大学学術出版会.
寺嶋秀明編著，2004.『平等と不平等をめぐる人類学的研究』，ナカニシヤ出版.
寺嶋秀明，2011.『平等論――霊長類と人における社会と平等性の進化』，ナカニシヤ出版.
徳田喜三郎・伊谷純一郎，1972.「幸島のサル――その性行動」今西錦司編『日本動物記 3』，思索社.
中川尚史，1994.『サルの食卓――採食生態学入門』，平凡社.
中川尚史，1999.『食べる速さの生態学――サルたちの採食戦略』，京都大学学術出版会.
中川尚史，2015.『“ふつう”のサルが語るヒトの起源と進化』，ぷねう

ま社.
中根千枝，1970.『家族の構造——社会人類学的分析』，東京大学出版会.
中根千枝，1977.『家族を中心とした人間関係』，講談社学術文庫.
中村美知夫，2009.『チンパンジー——ことばのない彼らが語ること』，中公新書.
和秀雄，1982.『ニホンザル——性の生理』，どうぶつ社.
西田利貞，1981.『野生チンパンジー観察記』，中公新書.
西田利貞，1994.『チンパンジーおもしろ観察記』，紀伊國屋書店.
西田利貞，1999.『人間性はどこから来たか——サル学からのアプローチ』，京都大学学術出版会.
西田利貞編著，2001.『ホミニゼーション（講座・生態人類学8)』，京都大学学術出版会.
西田利貞・伊沢紘生・加納隆至編，1991.『サルの文化誌』，平凡社.
西田利貞・上原重男編，1999.『霊長類学を学ぶ人のために』，世界思想社.
西田利貞・上原重男・川中健二編著，2002.『マハレのチンパンジー——〈パンスロポロジー〉の三七年』，京都大学学術出版会.
西田正規，1986.『定住革命——遊動と定住の人類史』，新曜社.
西田正規・北村光二・山極寿一編著，2003.『人間性の起源と進化』，昭和堂.
西村清和，1989.『遊びの現象学』，勁草書房.
日本経済新聞社，1976.『別冊サイエンス　特集動物社会学——サルからヒトへ』
長谷川寿一・長谷川眞理子，2000.『進化と人間行動』，東京大学出版会.
長谷川眞理子，1983.『野生ニホンザルの育児行動』，海鳴社.
濱田穣，2007.『なぜヒトの脳だけが大きくなったのか——人類進化最大の謎に挑む』，講談社ブルーバックス.
早木仁成，1990.『チンパンジーのなかのヒト』，裳華房.
原ひろ子編，1986.『家族の文化誌——さまざまなカタチと変化』，弘文堂.
藤田博史，1993.『性倒錯の構造——フロイト／ラカンの分析理論』，青土社.
古市剛史，1988.『ビーリャの住む森で——アフリカ・人・ピグミーチ

ンパンジー』，東京化学同人．

古市剛史，1999.『性の進化，ヒトの進化──類人猿ボノボの観察から』，朝日選書．

古市剛史，2002.「ヒト上科の社会構造の進化の再検討──食物の分布と発情性比に着目して」『霊長類研究』18（2）：187-201.

宝来聰，1997.『DNA 人類進化学』，岩波書店．

正高信男，1991.『ことばの誕生──行動学からみた言語起源論』，紀伊國屋書店．

松沢哲郎，1991.『チンパンジー・マインド──心と認識の世界』，岩波書店．

松沢哲郎，2011.『想像するちから──チンパンジーが教えてくれた人間の心』，岩波書店．

松園万亀雄編，1996.『性と出会う──人類学者の見る，聞く，語る』，講談社．

松村圭一郎，2008.『所有と分配の人類学──エチオピア農村社会の土地と富をめぐる力学』，世界思想社．

丸山茂・橋川俊忠・小馬徹編，比較家族史学会監修，1998.『家族のオートノミー（シリーズ比較家族 10）』，早稲田大学出版部．

村武精一，1973.『家族の社会人類学』，弘文堂．

村武精一編，1981.『家族と親族』，未來社．

室山泰之，2003.『里のサルとつきあうには──野生動物の被害管理』，京都大学学術出版会．

明和政子，2006.『心が芽生えるとき──コミュニケーションの誕生と進化』，NTT 出版．

山極寿一，1993.『ゴリラとヒトの間』，講談社現代新書．

山極寿一，1994.『家族の起源──父性の登場』，東京大学出版会．

山極寿一，1997.『父という余分なもの──サルに探る文明の起源』，新書館．

山極寿一編著，2007.『ヒトはどのようにしてつくられたか』，岩波書店．

山極寿一，2007.『暴力はどこからきたか──人間性の起源を探る』，NHK 出版．

山極寿一，2008.『人類進化論──霊長類学からの展開』，裳華房．

山極寿一，2012.『家族進化論』，東京大学出版会．

山極寿一，2014.『「サル化」する人間社会』，集英社インターナショナル.
山極寿一，2018.『ゴリラからの警告──「人間社会，ここがおかしい」』，毎日新聞出版.
山路勝彦，1981.『家族の社会学』，世界思想社.
湯本貴和，1999.『熱帯雨林』，岩波新書.
吉田集而編，2001.『眠りの文化論』，平凡社.
和田一雄，1979.『野生ニホンザルの世界──志賀高原を中心とした生態』，講談社ブルーバックス.
和田正平，1988.『性と結婚の民族学』，同朋舎出版.

本書は二〇〇三年八月筑摩書房より刊行された。

いのちと放射能　柳澤桂子

放射性物質による汚染の怖さ。癌や突然変異が引き起こされる仕組みをわかりやすく解説し、命を受け継ぐ私たちの自覚を問う。（永田文夫）

ニセ科学を10倍楽しむ本　山本弘

「血液型性格診断」「ゲーム脳」など世間に広がるニセ科学。人気SF作家が会話形式でわかりやすく教える、だまされないための科学リテラシー入門。

イワナの夏　湯川豊

釣りは楽しく哀しく、こっけいで厳粛だ。日本の川で、また、アメリカで、出会うのは魚ばかりではない、自然との素敵な交遊記。（川本三郎）

解剖学教室へようこそ　養老孟司

解剖すると何が「わかる」のか。動かぬ肉体という具体から、どこまで思考が拡がるのか。養老ヒト学の原点を示す記念碑的一冊。（南直哉）

考えるヒト　養老孟司

意識の本質とは何か。私たちはそれを知ることができるのか。脳と心の関係を探り、無意識に目を向ける。自分の頭で考えるための入門書。（玄侑宗久）

ブルース・キャット　岩合光昭

どこにいてもネコは自由！　地中海の埠頭やイタリア古都の路地からガラパゴス諸島まで、世界各地の街で出会ったネコたちの、とびきり幸せな写真集。

ボサノバ・ドッグ　岩合光昭

そこにイヌがいるだけで光が変わる！　東アフリカの遊牧民、スリランカの僧院から極北の犬橇まで、ヒトと共に暮らすイヌたちの写真集。（糸井重里）

たまもの　神藏美子

彼と離れると世界がなくなってしまうと思っていたのに、別の人に惹かれ二重生活を始めた「私」。写真と文章で語られる「センチメンタルな」記録。

赤線跡を歩く　木村聡

戦後まもなく特殊飲食店街として形成された赤線地帯。その後十余年、都市空間を彩ったその宝石のような建築物と街並みの今を記録した写真集。

世間のひと　鬼海弘雄

浅草寺境内、鬼海弘雄の前に現れたひとたち。四十年にわたり撮影された無名の人々の、尊厳を感じさせる肖像の数々。間にエッセイ・あとがき付。

辺界の輝き　五木寛之・沖浦和光

サンカ、家船、遊芸民、香具師など、差別されながら漂泊に生きた人々が残したものとは？　白熱する対論の中から、日本文化の深層が見えてくる。

仏教のこころ　五木寛之

人々が仏教に求めているものとは何か、仏教はそれにどう答えてくれるのか。著者の考えをまとめた文章に、河合隼雄、玄侑宗久との対談を加えた一冊。

自力と他力　五木寛之

俗にいう「他力本願」とは正反対の思想が、真の「他力」である。真の絶望を自覚した時に、人はこの感覚に出会うのだ。

サンカの民と被差別の世界　五木寛之

歴史の基層に埋もれた、忘れられた日本を掘り起こす。漂泊に生きた海の民・山の民。身分制で賤民とされた人々。彼らが現在に問いかけるものとは。

隠れ念仏と隠し念仏　五木寛之

九州には、弾圧に耐えて守り抜かれた「隠れ念仏」があり、東北には、秘密結社のような信仰「隠し念仏」がある。知られざる日本人の信仰を探る。

宗教都市と前衛都市　五木寛之

商都大阪の底に潜む強い信仰心。国際色豊かなエネルギーが流れ込み続ける京都。現代にも息づく西の都の歴史。「隠された日本」シリーズ第三弾。

わが引揚港からニライカナイへ　五木寛之

玄洋社、そして引揚者の悲惨な歴史とは？　アジアとの往還の地・博多と、日本の原郷・沖縄。二つの土地を訪ね、作家自身の戦争体験を歴史に刻み込む。

日本幻論　漂泊者のこころ　五木寛之

幻の隠岐共和国、柳田國男と南方熊楠、人間としての蓮如像等々、非・常民文化の水脈を探り、五木文学の原点を語った衝撃の幻論集。（中沢新一）

建築の大転換　増補版　伊東豊雄・中沢新一

いま建築に何ができるか。震災復興、地方再生、エネルギー改革などの大問題を、第一人者たちが説き尽くす。新国立競技場への提言を増補した決定版！

その後の慶喜　家近良樹

幕府瓦解から大正まで、若くして歴史の表舞台から姿を消した最後の将軍の〝長い余生〟を近しい人間の記録を元に明らかにする。（門井慶喜）

つぎはぎ仏教入門　呉智英

知ってるようで知らない仏教の、その歴史から思想的な核心までを、この上なく明快に説く。現代人のための最良の入門書。二篇の補論を新たに収録！

吉本隆明という「共同幻想」　呉智英

熱狂的な読者を生んだ吉本隆明。その思想は「正しく」読み取られていただろうか？　難解な吉本思想の核心を衝き、特異な読まれ方の真実を説く！

荘子と遊ぶ　玄侑宗久

『荘子』はすこぶる面白い。読んでいると「常識」という桎梏から解放される。魅力的な言語世界を味わいながら、現代的な解釈を試みる。（ドリアン助川）

考現学入門　今和次郎　藤森照信編

震災復興後の東京で、都市や風俗への観察・採集からはじまった〈考現学〉。その雑学の楽しさを満載し、新編集でここに再現。（藤森照信）

江藤淳と大江健三郎　小谷野敦

大江健三郎と江藤淳は、戦後文学史の宿命の敵同士として知られた。その足跡をたどりながら日本の文壇・論壇を浮き彫りにするダブル伝記。（大澤聡）

レトリックと詭弁　香西秀信

「沈黙を強いる問い」「論点のすり替え」など、議論に仕掛けられた巧妙な罠に陥ることなく、詐術に打ち勝つ方法を伝授する。

独特老人　後藤繁雄編著

埴谷雄高、山田風太郎、中村真一郎、淀川長治、水木しげる、吉本隆明、鶴見俊輔……独特の個性を放つ思想家28人の貴重なインタビュー集。

紅一点論　斎藤美奈子

「男の中に女が一人」は、テレビやアニメで非常に見慣れた光景である。その「紅一点」の座を射止めたヒロイン像とは!?（姫野カオルコ）

「日本人」力　九つの型　齋藤孝

個性重視と集団主義の融合は難問のままである。著名な九人の生き方をたどり、「少年力」や「座禅力」などの「力」の提言を通して解決への道を示す。

生き延びるためのラカン　斎藤環

幻想と現実が接近しているこの世界で、できるだけリアルに生き延びるためのラカン解説書にして精神分析入門書。カバー絵・荒木飛呂彦（中島義道）

ちくま文庫

ゴリラに学《まな》ぶ男《おとこ》らしさ
――男《おとこ》は進化《しんか》したのか？

二〇一九年九月十日　第一刷発行

著　者　山極寿一（やまぎわ・じゅいち）

発行者　喜入冬子
発行所　株式会社　筑摩書房
東京都台東区蔵前二―五―三　〒一一一―八七五五
電話番号　〇三―五六八七―二六〇一（代表）
装幀者　安野光雅
印刷所　株式会社精興社
製本所　株式会社積信堂

ISBN978-4-480-43610-8 C0145